Sitzungsberichte
der Akademie der Wissenschaften
der DDR
Mathematik – Naturwissenschaften – Technik

Jahrgang 1985 · Nr. 6/N

E. Fanghänel/G. Schukat

# Organische Verbindungen mit hoher elektrischer Leitfähigkeit

AKADEMIE-VERLAG · BERLIN
1985

Vortrag aus der Sitzung der Klasse Chemie
am 23. Februar 1984 von
Prof. Dr. rer. nat. habil. Egon Fanghänel und
Dr. rer. nat. Gerd Schukat, Technische Hochschule „Carl Schorlemmer“ Leuna-Merseburg,
Sektion Chemie

Herausgegeben im Auftrage
des Präsidenten der Akademie
der Wissenschaften der DDR
von Vizepräsident Prof. Dr. Heinz Stiller

ISSN 0138-3965
Erschienen im Akademie-Verlag, DDR-1086 Berlin, Leipziger Str. 3-4

Lizenznummer: 202 · 100/48/85
Printed in the German Democratic Republic
Gesamtherstellung: VEB Druckhaus Köthen
LSV 1275
Bestellnummer: 763 494 0 (2010/85/6/N)
00600

# Inhalt

## 1. Einleitung

Organische Festkörper sind in ihrer überwiegenden Mehrheit elektrische Isolatoren. Die Elektronen befinden sich in organischen Molekülen spinabgesättigt in Molekülorbitalen, so daß im Festkörper eine niedrige Ladungsträgerkonzentration vorliegt. Da außerdem die Wechselwirkung zwischen den Molekülen gering ist (VAN DER WAALS-Wechselwirkungen), besitzen die vorhandenen Ladungsträger eine nur geringe Beweglichkeit. U.a. auf Grund der daraus resultierenden günstigen dielektrischen Eigenschaften finden z.B. organische Polymere als Isoliermaterialien in der Elektrotechnik und für elektronische Bauelemente breite Anwendung. Es wäre nun aber nicht nur wissenschaftlich reizvoll, sondern auch technologisch von Interesse, wenn es gelänge, die spezifischen Eigenschaften organischer Festkörper, wie ihre geringe Dichte, ihre leichte Verarbeitbarkeit, ihre praktisch unbegrenzte chemische Modifizierbarkeit oder die Möglichkeit zur Filmbildung – wie im Falle der Polymeren – mit der Fähigkeit zu verknüpfen, den elektrischen Strom gut zu leiten. Starken Auftrieb erhielten anfängliche Bemühungen zur Synthese elektrisch leitender organischer Festkörper auch durch die Physik. Die Ausarbeitung der Theorie der Supraleitung durch BARDEEN, COOPER und SCHRIEFFER stimulierte 1964 LITTLE, eine Hypothese von einem organischen Supraleiter bei Raumtemperatur zu formulieren [1]. Für Polyacetylen mit leicht polarisierbaren, positiv geladenen Seitengruppen (vgl. Abb. 1), deren Elektronen die Funktion der Gitterbausteine anorganischer Supraleiter übernehmen sollten, wurden auf Grund der Massendifferenz Atom/Elektron Sprungtemperaturen oberhalb Zimmertemperatur für möglich erachtet. Bis heute gibt es zwar weder einen Beweis für den postulierten Excitonenmechanismus der Supraleitung, noch gelang es, das „LITTLE Molekül" selbst oder verwandte Strukturen aufzubauen. Dennoch hat sich die LITTLEsche Hypothese auf die Forschung zu organischen Leitern befruchtend ausgewirkt.

Der Durchbruch zu den sogenannten „organischen Metallen" gelang auf dem Gebiet der organischen Charge-Transfer (CT)-Komplexe bzw. organischer Radikalsalze und einfacher Polymerer mit ausgedehntem $\pi$- oder $\pi$/n-Bindungssystem, so daß derzeit die Leitfähigkeitsskala organischer Festkörper 40 Größenordnungen überstreicht, wenn man die supraleitenden Vertreter mit einbezieht (vgl. Abb. 2).

Eine ungemein intensive und systematische wissenschaftliche Bearbeitung des Gebietes der organischen Leiter begann, als 1973 die metallische Leitfähigkeit des Tetrathiafulvalen(TTF)-Tetracyanochinodimethan(TCNQ)-Komplexes entdeckt wurde

[2]. Seitdem bemühten sich synthetisch arbeitende Chemiker, Festkörperchemiker und -physiker sowie Theoretiker erfolgreich, weitere hochleitende organische Materialien aufzufinden, ihre Festkörperstruktur aufzuklären und aus ihr die physikalischen

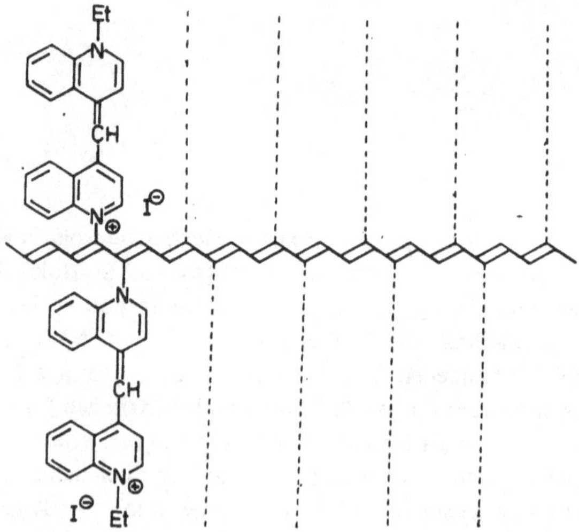


Abb. 1 „Little-Molekül"

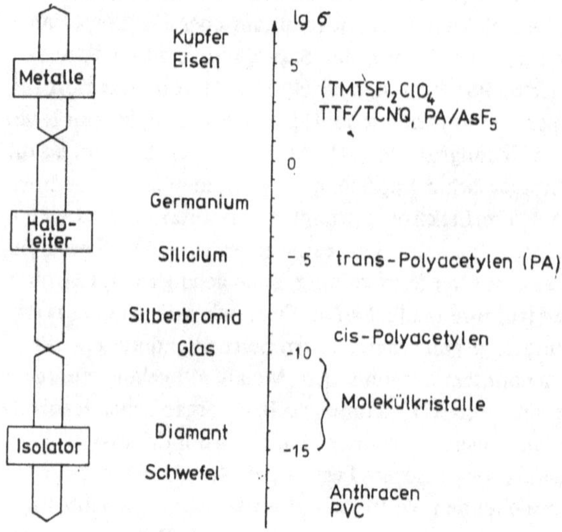


Abb. 2 Elektrische Leitfähigkeit (in $\Omega^{-1}$ cm$^{-1}$) ausgewählter Substanzen bei Raumtemperatur

Eigenschaften zu verstehen und zu berechnen. Neue Anwendungsbereiche für diese Materialien wurden abgesteckt. Eine große Zahl von Originalarbeiten, Übersichtsartikeln, Monographien und Konferenzberichten zeugen vom großen Interesse, das dieses Gebiet gefunden hat [3—14].

Einleitend sollen nunmehr die wesentlichen Voraussetzungen für die hohe elektrische Leitfähigkeit von CT-Komplexen und von Polymeren aufgezeigt werden. Es schließt sich die Darstellung eigener Untersuchungen zur Synthese von Tetrathiafulvalenen, zu ihrer physikalisch-chemischen Charakterisierung sowie zu Struktur-Eigenschaftsbeziehungen elektrisch leitender TTF-Komplexe, von polymeren TTF und polymeren Dithiolenkomplexen sowie zu schwefelsubstituierten Polyacetylenen an. Abschließend wird ein Ausblick auf Anwendungs- und Einsatzgebiete organischer Leiter gegeben.

Prototyp der CT-Komplexe mit hoher elektrischer Leitfähigkeit ist der TTF-TCNQ-Komplex (vgl. Abb. 3). Das TTF ist ein eben gebauter, leicht oxydierbarer heterocyclischer Elektronendonator, der zwei Elektronen in reversiblen Einelektronenschritten abzugeben vermag und dabei über die Stufe eines stabilen Radikalsalzes in das mesomeriestabilisierte Tetrathiafulvalenium-Dikation übergeht. Die Leichtigkeit der Oxydation und damit der ausgeprägte Elektronendonatorcharakter dieser Verbindung kommt im niedrigen elektrochemischen Oxydationspotential für beide

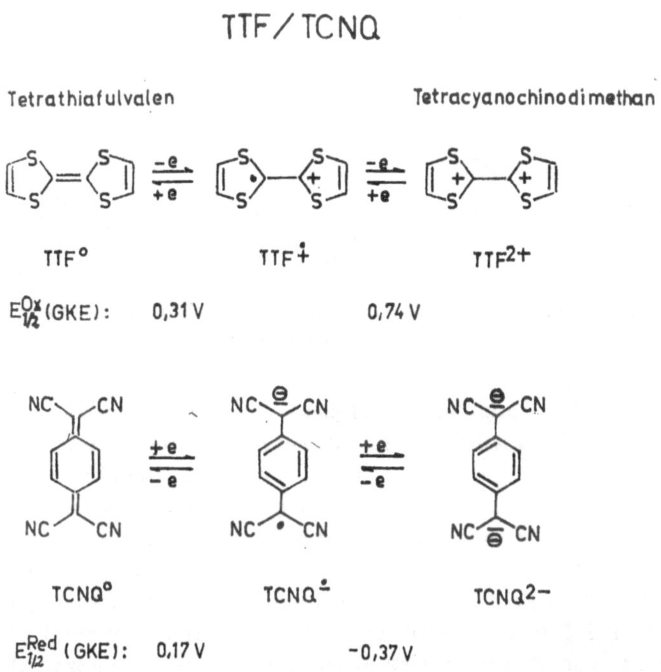


Abb. 3 Struktur und Redoxeigenschaften von Tetrathiafulvalen (TTF) und Tetracyanochinodimethan (TCNQ)

Stufen zum Ausdruck (vgl. auch Tab. 4). Das TCNQ ist auf Grund der Cyano-Substituenten und seiner chinoiden Struktur ein eben gebauter Elektronenakzeptor, der durch Aufnahme von zwei Elektronen leicht über die Stufe eines stabilen Radikalanions zum Dianion reduzierbar ist. Auch dieser Prozeß verläuft reversibel. Bringt man beide Stoffe in einem geeigneten Lösungsmittel, z.B. Acetonitril zusammen, so bildet sich ein schwerlöslicher CT-Komplex mit Radikalsalzcharakter und damit mit hoher Ladungsträgerkonzentration.

Wesentliche Voraussetzung für das metallische Leitfähigkeitsverhalten ist aber neben dem Vorhandensein von Ladungsträgern eine spezifische Festkörperstruktur. Im TTF/TCNQ-Komplex sowie in allen anderen hochleitenden TCNQ-Komplexen sind Donator und Akzeptor in getrennten Stapeln angeordnet (vgl. Abb. 4). Die

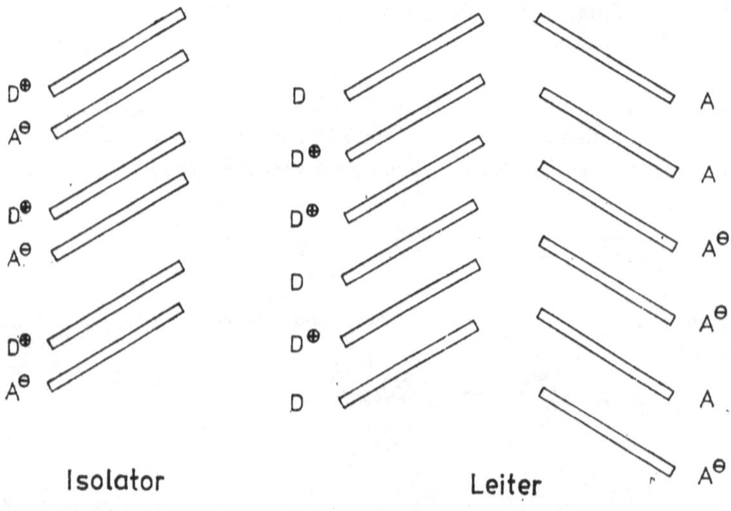


Abb. 4 Schematische Darstellung der Kristallstruktur von Charge-Transfer-Komplexen mit geringer und hoher elektrischer Leitfähigkeit (D: Donator, A: Akzeptor)

Abstände zwischen den Molekülen im Stapel sind gleich und liegen in der Größenordnung der VAN DER WAALS-Radien der Atome, so daß es zu einer starken $\pi$-Orbitalüberlappung zwischen gleichartigen Molekülen kommt, was zu einer hohen Beweglichkeit der Ladungsträger in Stapelrichtung führt. Sie kann deutlich über der der Metalle liegen [8]. Aus der „eindimensionalen" Struktur dieser Komplexe resultieren stark anisotrope Eigenschaften im Einkristall. Die elektrische Leitfähigkeit liegt je nach Art von Donator und Akzeptor in Stapelrichtung 2 bis 3 Größenordnungen höher als senkrecht dazu [15]. In polykristallinen Proben wird deshalb im Vergleich zu Einkristallen häufig eine um 2 Zehnerpotenzen verringerte Leitfähigkeit gemessen. Wichtig für die Ausbildung getrennter Stapel von Donator und Akzeptor im Kristall und damit für hohe elektrische Leitfähigkeit ist die Stärke der Wechselwirkung zwischen den Partnern. Donator- und Akzeptorstärke müssen so abgestimmt sein, daß es nur zu unvollständigem Ladungstransfer ($\varrho$) von durchschnittlich 0,5 bis 0,9 Elektron pro Molekülpaar kommt. Im TTF/TCNQ-Komplex liegt der durchschnittliche Ladungstransfer bei 0,59 [16]. Im Sinne des Bändermodells kann erwartungsgemäß nur bei partiell gefülltem Valenz- bzw. Leitungsband hohe elektrische Leitfähigkeit auftreten. Kombiniert man deshalb das Hexamethylen-TTF (HMTTF) mit dem starken Elektronenakzeptor Tetrafluor-TCNQ, so besitzt der entsprechende Komplex trotz getrennt stapelförmiger Festkörperstruktur auf Grund eines vollständigen Ladungstransfers ($\varrho = 1$) nur halbleitende Eigenschaften. Der Elektronentransport zwischen gleichsinnig geladenen Molekülionen ist im Vergleich zu Systemen mit partiellem Ladungstransfer elektrostatisch gehemmt [4, 6]. Auch Dimerenbildung im jeweiligen Stapel, verbunden mit Halbleitereigenschaften, wird bei vollständigem Ladungstransfer beobachtet (vgl. Tab. 1). Bei nur geringem oder keinem Ladungstransfer kristallisieren die entsprechenden CT-Komplexe im allgemeinen in gemischten Donator/Akzeptor-Stapeln, was ebenfalls zu halbleitenden elektrischen Eigenschaften der Festkörper führt (vgl. Abb. 4 und Tab. 1). Zur Abschätzung des Ladungstransfers

Tab. 1 Struktur und elektrische Leitfähigkeit bei Raumtemperatur von Charge-Transfer-Komplexen mit Halbleitercharakteristik

| Komplex | $E_{1/2}^{Ox} - E_{1/2}^{Red}$ [V] | Struktur | $\sigma[\Omega^{-1} \cdot cm^{-1}]$ |
|---|---|---|---|
| DBTTF/$TCNQF_2$ | 0,29 | DADA [17] | $10^{-6}$ [17] |
| TTF/Chloranil | 0,30 | DADA [18] | $8 \cdot 10^{-4}$ [19] |
| DBTTF/TCNQ | 0,42 | DADA [17] | $5,7 \cdot 10^{-8}$ [20] |
| Anthracen/TCNQ | 0,97 | DADA [21] | $10^{-11}$ [22] |
| Pyren/TCNQ | 0,99 | DADA [23] | $10^{-12}$ [22] |
| TTF/$TCNQF_2$ | 0,01 | DD; AA [24] | $2 \cdot 10^{-5}$ [25] |
| TMPD/TCNQ | 0 | DADA [26] | $10^{-4}$ [27] |
| TTF/$TCNQF_4$ | −0,21 | DD; AA [28] | $2,5 \cdot 10^{-4}$ [29] |
| TTF/Cl | −0,81 | DD [30] | $10^{-6}$ [30] |
| Na/TCNQ | −3,1 | AA [31] | $10^{-3}$ [32] |

DBTTF Dibenzotetrathiafulvalen, $TCNQF_2$ 2,5-Difluortetracyanochinodimethan, $TCNQF_4$ Tetrafluorcyanochinodimethan, TMPD Tetramethyl-p-phenylendiamin, DADA gemischte Stapel von Donator und Akzeptor, DD Donatordimere, AA Akzeptordimere

zwischen Donator und Akzeptor kann man ihr Verhalten in Lösung heranziehen. Hier sollte eine Elektronenübertragung dann spontan ablaufen, wenn die freie Reaktionsenthalpie der Reaktion

$$D + A \rightleftarrows D^{\dot{+}} + A^{\dot{-}} \quad (1)$$

negativ ist. Sie läßt sich nach Gl. (2) aus dem Redoxpotentialen für Donator und Akzeptor und der Coulombwechselwirkung berechnen [33].

$$\Delta G = zF\left(E_1^{Ox} - E_1^{Red} - \frac{e^2}{\varepsilon \cdot a}\right) \tag{2}$$

Unter Berücksichtigung des Gewinns an freier Reaktionsenthalpie durch die Coulombwechselwirkung der geladenen Spezies von 0,1 eV (für Acetonitril als Lösungsmittel) und von etwa 0,1 eV, die dem Reaktionssystem als thermische Energie entnommen werden kann, kann man erwarten, daß für die spontane Elektronenübertragung

$$E_1^{Ox} - E_1^{Red} \leq 0{,}2\ \mathrm{V} \tag{3}$$

gilt.

Die Verhältnisse in Lösung lassen sich aber nur sehr bedingt auf den Ladungstransfer im Kristall übertragen, wo neben der Differenz von Ionisierungspotential des Donators und Elektronenaffinität des Akzeptors noch die Gitterenergie und die Polarisationsenergie bestimmend sind [6]. Da sich Gitter- und Polarisationsenergie innerhalb einer Komplexreihe aber nur unwesentlich ändern sollten und andererseits sich das Donator-/Akzeptorverhalten näherungsweise durch die elektrochemischen Potentiale in Lösung beschreiben läßt, gelingt es, aus dem experimentellen Material folgende allgemeine Beziehungen für den partiellen Ladungstransfer von CT-Komplexen aufzustellen [34].

$$0\mathrm{V} \leq E_1^{Ox} - E_1^{Red} \leq 0{,}3\ \mathrm{V} \tag{4}$$

Werden sehr starke Akzeptoren für die CT-Komplexbildung eingesetzt ($E_1^{Ox} - E_1^{Red} < 0$), so kann der partielle Ladungstransfer in den Radikalsalzen durch veränderte Stöchiometrie (z.B. $D_2^{\oplus}X^{\ominus}$) erreicht werden. Salze dieses Typs mit weitgehend freier Wahl des Anions lassen sich auch als Einkristalle bequem durch elektrochemische Oxydation der Donatoren gewinnen [35].

Neben den abgestimmten Redox-Eigenschaften von Donator und Akzeptor und einem planaren Molekülbau erscheint für getrennte Stapelbildung auch erforderlich zu sein, daß die Frontorbitale (HOMO des Donators, LUMO des Akzeptors) unterschiedliche Symmetrie bezüglich des Inversionszentrums aufzuweisen, wie es in TTF/TCNQ- bzw. den TTF/Tetrahalogenbenzochinon-Komplexen der Fall ist [19] (vgl. Abb. 5).

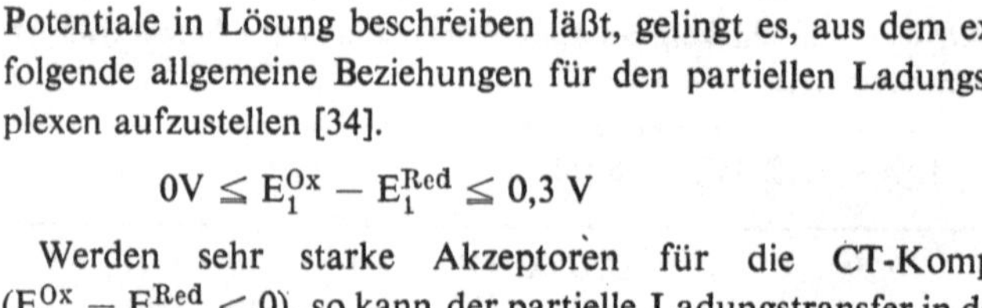


Abb. 5 Vorzeichen der Wellenfunktionen der π-Orbitale oberhalb der Molekülebene (⊗: +; ○: −) des TTF-TCNQ-Charge-Transfer-Komplexes

Innerhalb gleichartiger Stapel ist aus Gründen der Orbitalsymmetrie die Überlappung außerdem begünstigt, wenn die Moleküle gegeneinander verschoben sind, was auch für TTF- und TSF-TCNQ-Komplexe experimentell beobachtet wird (vgl. Abb. 6). Auch aus quantenchemischen Berechnungen wird für diese Anordnung bei partiellem Ladungstransfer ein Energieminimum z.B. für TTF- und TCNQ-Stapel berechnet. Packungsdichteberechnungen ergeben für beide Stapel bei dieser gestaffelten Anordnung dichteste Kugelpackungen [36].

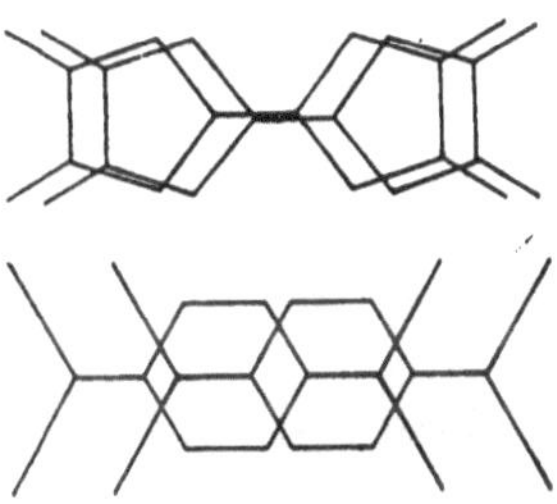


Abb. 6 Versetzte („slipped") Anordnung der Moleküle in TTF-TCNQ- und TSF-TCNQ-Komplexen (Anordnung entspricht der optimalen Orbitalüberlappung im jeweiligen Stapel)

Die stark eindimensionale Struktur vieler TTF/TCNQ-Komplexe führt zu einer spezifischen Temperaturabhängigkeit der elektrischen Leitfähigkeit. Sie steigt mit sinkender Temperatur nur bis zu einer kritischen Temperatur $T_K$, bei der der Kristall in einen Halbleiter bzw. Isolator übergeht (Temperaturen der Phasenübergänge $T_K$ für TTF/TCNQ: 53 K, 48 K, 38 K [37]; vgl. Abb. 7).

Diese sogenannte PEIERLS-Störung beruht auf einer Gitterverzerrung, die durch Annäherung von jeweils zwei Molekülen zu Dimeren unter Energiegewinn im Stapel abläuft [38]. Durch die Dimerenstruktur wird die Orbitalüberlappung im Stapel gestört, was zur genannten Leitfähigkeitsveränderung führt. Der PEIERLS-Übergang läßt sich durch Erhöhung der Wechselwirkung zwischen den unterschiedlichen Stapeln verhindern [39]. So beobachtet man z. B. im Hexamethylentetraselenafulvalen(HMTS)/TCNQ-Komplex (s. Gl. [5]) eine starke Wechselwirkung zwischen den Selenatomen im Donatorstapel und den Stickstoffatomen im Akzeptorstapel, was sich in einem Se-N-Abstand widerspiegelt, der 0,35 Å unter dem aus den VAN DER WAALS-Radien berechneten Wert liegt [40]. Auf Grund seiner weitgehend zweidimensionalen Struktur bleibt deshalb der HMTSF/TCNQ-Komplex bis nahe zum absoluten Nullpunkt metallisch leitend.

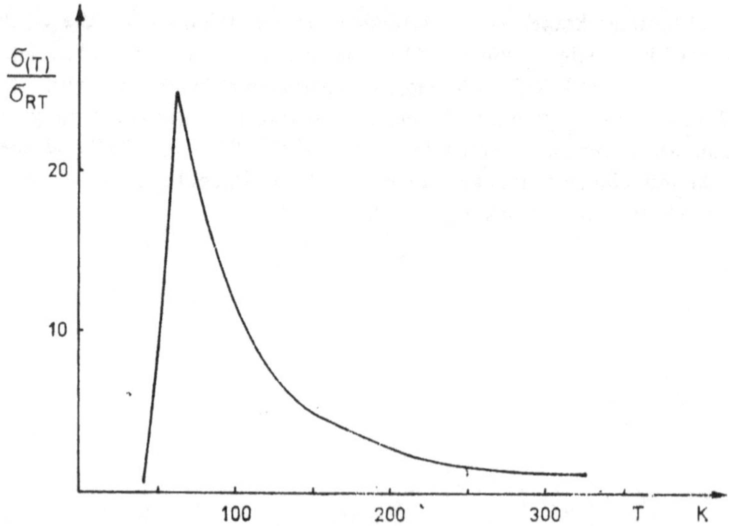


Abb. 7 Abhängigkeit der Leitfähigkeit des TTF-TCNQ-Komplexes (TTF: **1a**) von der Temperatur (auf Raumtemperatur normiert) [10]

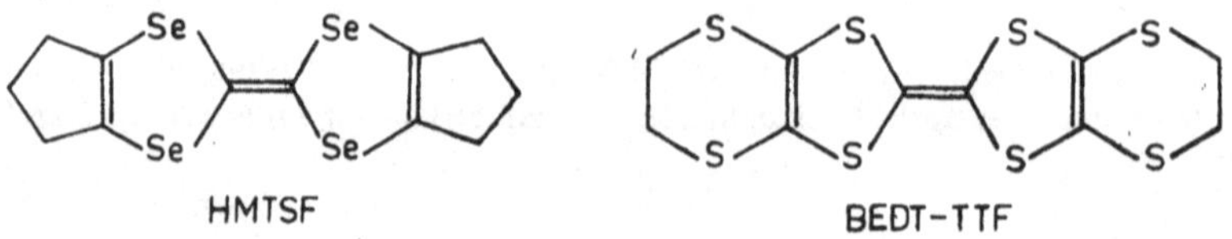


(5)

Durch die im Vergleich zum Schwefel größeren Orbitale des Selens und der damit verbundenen besseren Orbitalüberlappung in Stapelrichtung bestimmt in TSF/TCNQ-Komplexen der TSF-Stapel die Leitfähigkeit (p-Leitung), während in TTF/TCNQ-Komplexen der TCNQ-Stapel leitfähigkeitsbestimmend ist (n-Leitung) [39]. Bei vergleichbarer Struktur ist auf Grund der stärkeren Orbitalüberlappung im Donatorstapel die Leitfähigkeit in den TSF-Komplexen im allgemeinen auch höher als in den TTF-Typen. An ersten Vertretern der Tetratellurafulvalen(TTeF)-Komplexe wird aber deutlich, daß durch weitere Orbitalaufweitung an den Heteroatomen des Donators eine Leitfähigkeitssteigerung wahrscheinlich nicht erreichbar ist (s. auch Tab. 2).

Eine der PEIERLSverzerrung entgegengerichtete Wirkung kann auch durch Druckerhöhung erreicht werden. Mit zunehmendem äußeren Druck verringern sich sowohl die Abstände zwischen den Molekülen innerhalb eines Stapels als auch die zwischen den Molekülen unterschiedlicher Stapel, so daß eine, die metallischen Leitfähigkeitseigenschaften stabilisierende zweidimensionale Struktur entsteht. So steigt im allgemeinen mit zunehmendem Druck die Leitfähigkeit metallisch leitender Komplexe an, der Metall-Isolator-Übergang tritt weniger ausgeprägt auf bzw. er verschwindet

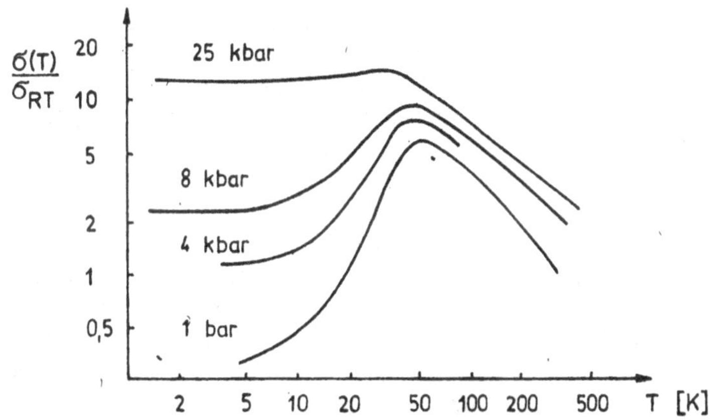


Abb. 8 Abhängigkeit der Leitfähigkeit des Hexamethylentetraselenafulvalen-11,11,12,12-Tetracyanonaphtho-2,6-chinodimethan(HMTSF-TNAP)-Komplexes von der Temperatur und dem Druck (auf Raumtemperatur normiert) [49]

$(TMTSF)_2^+ ClO_4^-$

Supraleiter, $T_c = 1,2\,K$ (1 bar)

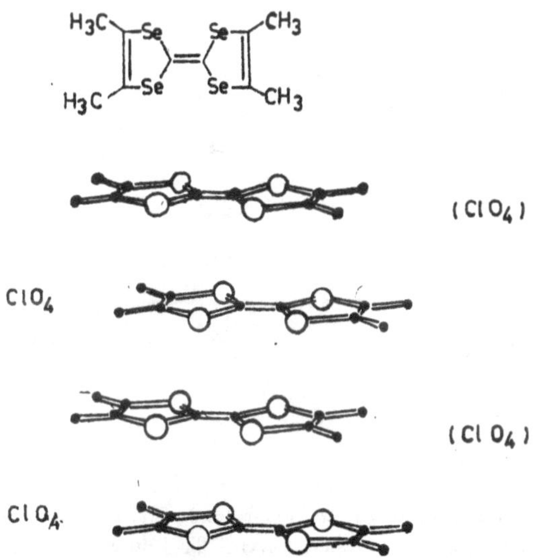


Abb. 9 Struktur und Eigenschaften des Bis(tetramethyltetraselenafulvalenium)perchlorat [51]

ganz [49]; (vgl. Abb. 8). Einige Komplexe, wie z. B. Radikalsalze des Tetramethyltetraselenafulvalens (TMTSF) gehen unter Druck [$(TMTSF)_2AsF_6$, 9,5 kbar; $(TMTSF)_2PF_6$, 6,5 kbar] bei etwa 1 K in den supraleitenden Zustand über. Analog verhält sich das Bis(ethylendithio)-tetrathiafulvaleniumperrhenat $(BEDT TTF)_2ReO_4$, das bei 2 K und 4 kbar supraleitend wird [35; 50] (zur Struktur von BEDT-TTF, vgl. Gl. [5]). Eine starke Wechselwirkung zwischen den Stapeln bei gleichzeitiger schwacher Störung der äquidistanten Anordnung der Moleküle im Stapel scheint neben der Struktur des Anions wesentlich dafür zu sein, daß im Tetramethyltetraselenafulvaleniumperchlorat [$(TMTSF)_2ClO_4$] selbst unter Norma'druck bei etwa 1 K der supraleitende Zustand erreicht wird (vgl. Abb. 9). Die Komplexe $(BEDT\text{-}TTF)_2I_3$ [50b] bzw. $(BEDT\text{-}TTF)_2AuI_2$ [50c] werden sogar bereits bei 2,5 K bzw. 5 K supraleitend. Zur Übersicht sind in Abb. 10 Donatoren und Akzeptoren, die hochleitende CT-Komplexe bilden, zusammengestellt und in Tab. 2 ihre elektrischen Leitfähigkeiten bei Raumtemperatur aufgeführt.

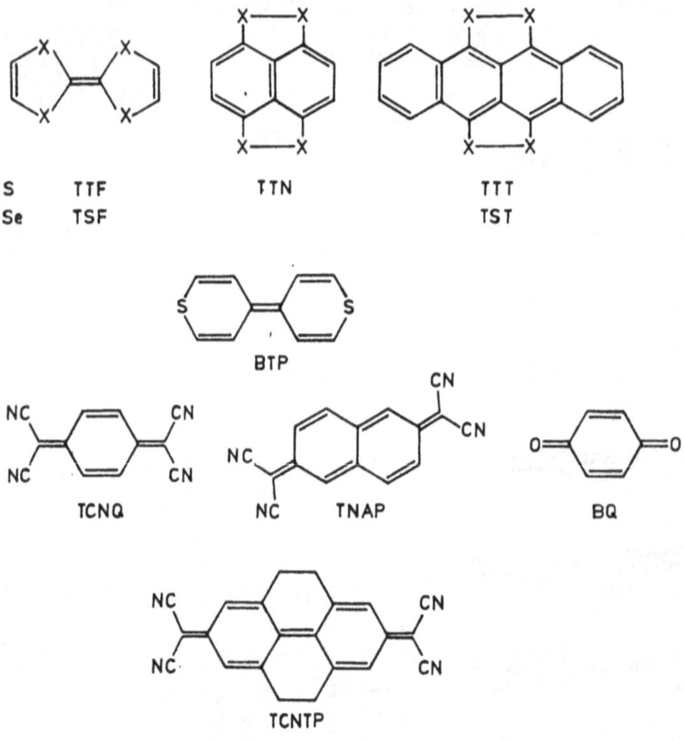


Abb. 10 Grundkörper von Donatoren und Akzeptoren, die hochleitende Charge-Transfer-Komplexe bilden (TTN: Tetrathianaphthalen, TTF: Tetrathiatetracen, TST: Tetraselenatetracen, BTB: 4,4'-Bithiopyranyliden, TNAP: 11,11,12,12-Tetracyanonaphtho-2,6-chinodimethan, BQ: Benzochinon, insb. als Tetrahalogenobenzochinone, TCNTP: 12,12,14,14-Tetracyano-4,5,9,10-tetrahydro-2,7-pyrenochinodimethan)

Tab. 2 Elektrische Leitfähigkeit von hochleitenden Charge-Transfer-Komplexen in einkristalliner Form bei Raumtemperatur

| Komplex | $\sigma_{RT}$ [$\Omega^{-1} \cdot cm^{-1}$] | Literatur |
|---|---|---|
| TTF-TCNQ | 600 | [41] |
| TSF-TCNQ | 800 | [41] |
| HMTTF-TCNQ | 500 | [41] |
| HMTSF-TCNQ | 2000 | [41] |
| TTF-TNAP | 40 | [41] |
| HMTSF-TNAP | 2400 | [41] |
| TMTTF-TCNTP | 0,2[a]) | [42a] |
| BTP-TCNQ | 30 | [42b] |
| TTF-$BQF_4$ | 10[a]) | [19] |
| $(TTT)_2$-$I_3$ | 1000 | [43] |
| $(TST)_2$-I | 1400 | [44] |
| TTN-TCNQ | 40 | [45] |
| $(TMTTF)_2$-Br | 240 | [46] |
| $(TMTSF)_2$-$ClO_4$ | 500 | [47] |
| HMTTeF-TCNQ | 1[a]) | [48] |

[a]) Polykristalline Probe

Die Schwierigkeiten bei der Züchtung von Einkristallen von CT-Komplexen (Verfahren hierzu vgl. [51; 52]), die geringe mechanische Stabilität dieser Kristalle sowie ihre geringe elektrische Belastbarkeit grenzen die technischen Anwendungsmöglichkeiten dieser Typen organischer Metalle ohne Zweifel ein. Diese Verbindungen haben sich jedoch als niederdimensionale Systeme zur Untersuchung und theoretischen Beschreibung physikalischer Erscheinungen von Festkörpern außerordentlich bewährt. Für technische Anwendungen scheint dagegen elektrisch leitenden und halbleitenden Polymeren größere Bedeutung zuzukommen, was u.a. durch den Einsatz des Fotohalbleiters Polyvinylcarbazol in elektrofotografischen Verfahren unterstrichen wird [53].

Wesentliche Voraussetzung für elektrisch hochleitende polymere Stoffe sind ein ausgedehntes konjugiertes $\pi$-Elektronensystem in planarer Anordnung und die Oxydier- und/oder Reduzierbarkeit dieser Verbindungen. Abb. 11 gibt eine Auswahl von Polymeren wieder, die diese Anforderungen erfüllen. Durch „Dotierung" erreichbare Leitfähigkeitswerte für Polymere mit aromatischen Strukturelementen sind in Tab. 3 zusammengefaßt.

Im undotierten Zustand beobachtet man oft in oligomeren Verbindungen ein Ansteigen der Leitfähigkeit mit steigender Kettenlänge bis zu einem Grenzwert [69] (vgl. Abb. 12). Weiterhin scheint es, daß durch Erhöhung der Elektronendichte im konjugierten System die Leitfähigkeit ansteigt (vgl. [62a], Abb. 13). Andere Ergebnisse stützen diese Tendenz jedoch nicht [62b].

a)

b)

c)

d)

e)

f)

g)

h)

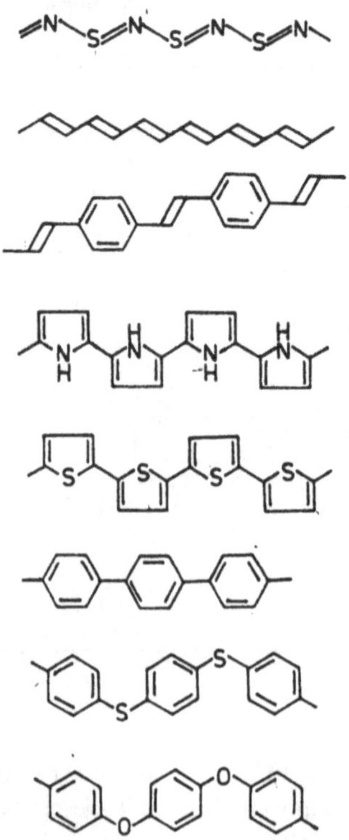

Abb. 11 Polymere mit konjugiertem Elektronensystem
a) Polyschwefelnitrid (Realstruktur vgl. Abb. 16), b) Polyacetylen, c) Poly(p-phenylenvinylen), d) Polypyrrol, e) Polythiopen, f) Poly(p-phenylen), g) Poly(p-phenylensulfid), h) Poly-(p-phenylenoxid)

hinsichtlich seiner Leitfähigkeitseigenschaften am intensivsten untersuchte Polymere, das Polyacetylen, ist im undotierten Zustand sowohl in der cis- als auch der trans-Form ein Halbleiter (vgl. Abb. 2) mit der typischen Bindungsalternierung der Polyene. Mit steigender Oxydation, z.B. durch Brom, Iod oder Arsenpentafluorid steigt die Leitfähigkeit bis zu einem Grenzwert von etwa $10^3\ \Omega^{-1}\ cm^{-1}$ an (vgl. Abb. 14), wobei es gleichzeitig zum Bindungsausgleich in der konjugierten Kette kommt und ausgehend vom cis-Isomeren eine Isomerisierung zur trans-Konfiguration beobachtet wird. Im dotierten Zustand sinkt die Leitfähigkeit mit sinkender Temperatur geringfügig ab, so daß zwar eine den Metallen entsprechende hohe Leitfähigkeit erreicht wird, die Temperaturabhängigkeit aber einem Halbleiterverhalten entspricht [70]. Zum Mechanismus des Ladungsträgertransports im Polyacetylen vgl. man [71].

Die Dotierung der Polymere, die im Sinne des Bändermodells eines Festkörpers als Entfernung von Elektronen aus dem gefüllten Valenzband (Oxydation, Bildung

Tab. 3 Elektrische Leitfähigkeit von Polymeren und deren Komplexe bei Raumtemperatur 3 Poly(p-phenylen), 4 Poly(m-phenylen), 5 Poly(p-phenylenoxid), 6 Poly(p-phenylensulfid), 7 Poly(m-phenylensulfid), 8 Poly(p-phenylenselenid), 9 Poly(p-phenylenvinylen), 10 Polypyrrol, 11 Poly(N-methylpyrrol), 12 Poly(N-phenylpyrrol), 13 Polythiophen

| Polymer | Oxydations- oder Reduktionsmittel | Mol pro Mol Monomer | $[\Omega^{-1} \cdot cm^{-1}]$ | Literatur |
|---|---|---|---|---|
| $(CH)_x$ | – | – | $4,4 \cdot 10^{-5}$ | [70] |
| $(CH)_x$ | $AsF_5$ | 0,10 | 400 | [70] |
| $(CH)_x$ | Na | 0,28 | 80 | [70] |
| 3 | – | – | $10^{-12}$ | [54] |
| 3 | $AsF_5$ | 0,40 | 500 | [55] |
| 3 | K | 0,50 | 20 | [55] |
| 4 | $AsF_5$ | 1,0 | $10^{-3}$ | [56] |
| 5 | $AsF_5$ | 0,4 | $10^{-3}$ | [57] |
| 6 | – | – | $10^{-16}$ | [57] |
| 6 | $AsF_5$ | 0,73 | 2,7¹) | [58; 59] |
| 6 | K | | $10^{-6}$ | [56] |
| 7 | $AsF_5$ | 0,71 | 0,08¹) | [60] |
| 8 | $AsF_5$ | | $10^{-2}$ | [61] |
| 9 | – | – | $2,2 \cdot 10^{-14}$ | [62] |
| 9 | $AsF_5$ | 0,75 | 3 | [63] |
| 10 | $BF_4$ | 0,25 | 100 | [64] |
| 11 | – | – | $10^{-6}$ | [65] |
| 11 | $BF_4$ | 0,29 | $10^{-3}$ | [65] |
| 12 | $ClO_4$ | 0,15 | $10^{-3}$ | [65] |
| 13 | – | – | $5,3 \cdot 10^{-11}$ | [66] |
| 13 | $AsF_5$ | | 0,02 | [66] |
| 13 | $ClO_4$ | 0,26 | 0,6 | [67] |
| 13 | $BF_4$ | 0,30 | 106 | [68] |

¹) Oxydation mit Arsenpentafluorid bei Raumtemperatur, wobei Vernetzungsreaktionen stattfinden

von Radikalkationen) bzw. Injektion von Elektronen in das leere Leitungsband (Reduktion, Bildung von Radikalanionen) zu interpretieren ist, kann je nach Art des Polymeren bzw. Umfang der Dotierung reversibel gestaltet werden. Läßt man z.B. auf ein mit Kalium reduziertes Poly(p-phenylen) Arsenpentafluorid einwirken, so sinkt die Leitfähigkeit ab, da die Radikalionen des Polymers oxydiert und damit Ladungsträger vernichtet werden [54]. Die Leitfähigkeitskurve durchläuft ein Minimum und steigt dann wieder an, da das Arsenpentafluorid nicht nur anionische Zentren kompensiert, sondern ein so starkes Oxydationsmittel ist, daß Radikalkationen und damit neue Ladungsträger geschaffen werden (vgl. Abb. 15).

Drastische Dotierung mit starken Oxydationsmitteln führt im allgemeinen zu

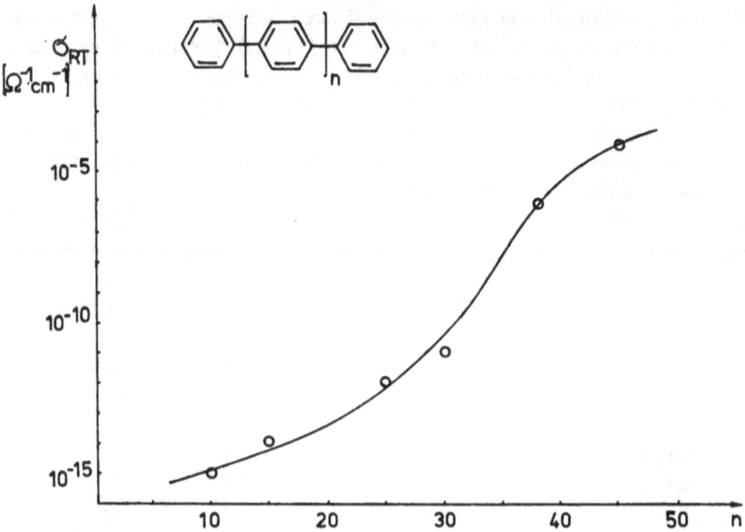


Abb. 12 Abhängigkeit der elektrischen Leitfähigkeit des Poly(p-phenylens) von der Kettenlänge [69]

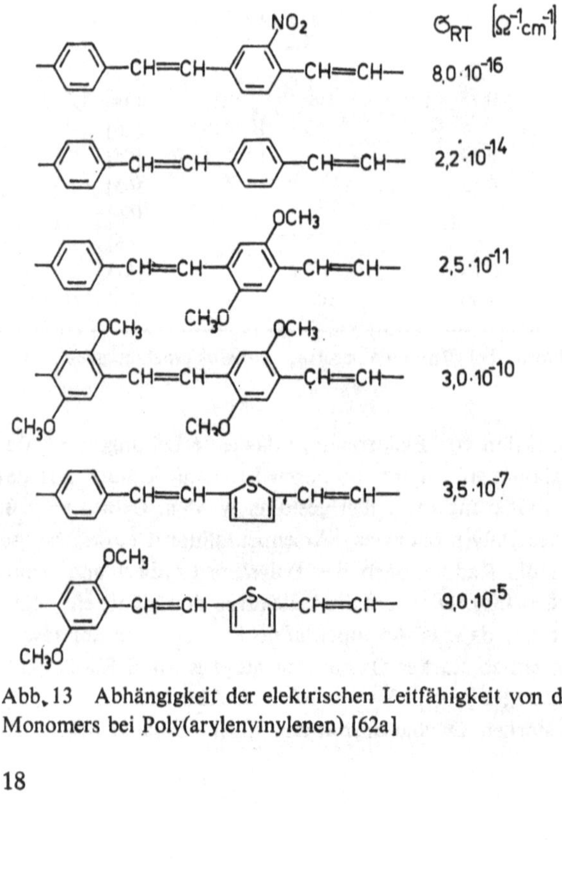


Abb. 13 Abhängigkeit der elektrischen Leitfähigkeit von der Substitution und der Art des Monomers bei Poly(arylenvinylenen) [62a]

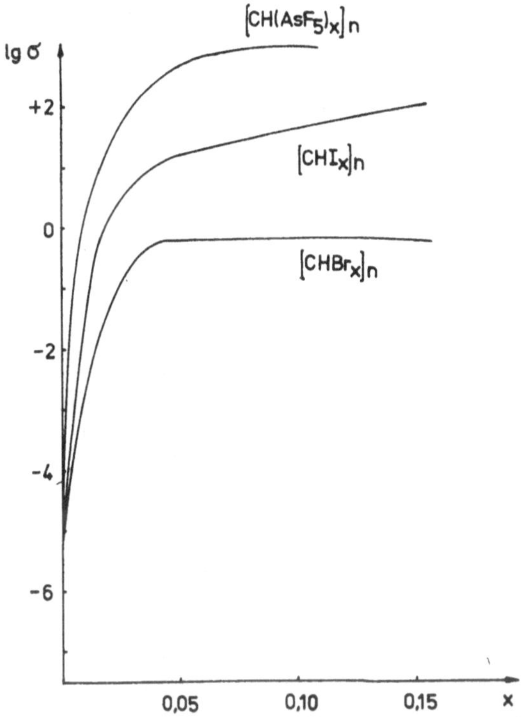


Abb. 14 Abhängigkeit der Leitfähigkeit des Polyacetylens von der Art und der Konzentration (in Mol bezogen auf ein Mol Monomer) des „Dotierungsmittels" [70]

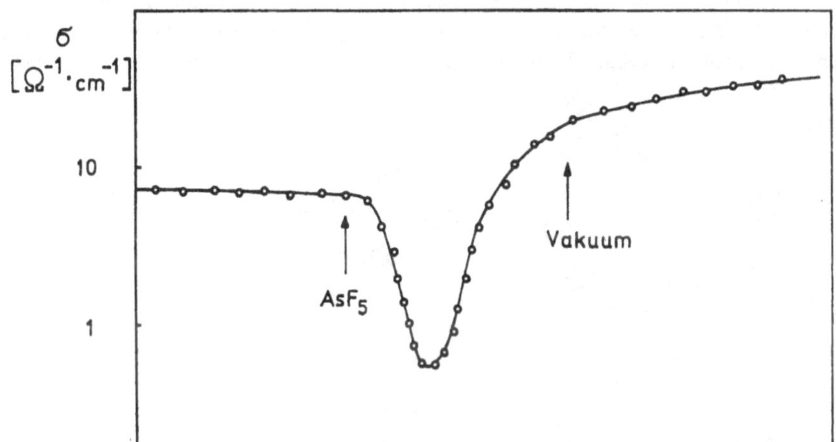


Abb. 15 Abhängigkeit der elektrischen Leitfähigkeit von Kalium dotiertem Poly(p-phenylen) von der Behandlungsdauer mit Arsenpentafluorid [54]

strukturellen Veränderungen im Polymeren, wie am Beispiel des Poly(p-phenylensulfids) gezeigt werden soll (s. Gl. [6]). Es verliert durch Oxydation mit $AsF_5$ seine ursprünglich guten Löslichkeitseigenschaften, seine Schmelzbarkeit und wird gegenüber Atmosphärilien unbeständig. Strukturell ist die Dotierung mit der Bildung von Dibenzothiopheneinheiten verbunden, so daß im hochleitendem Zustand eine völlig neue Struktur vorliegt [58].

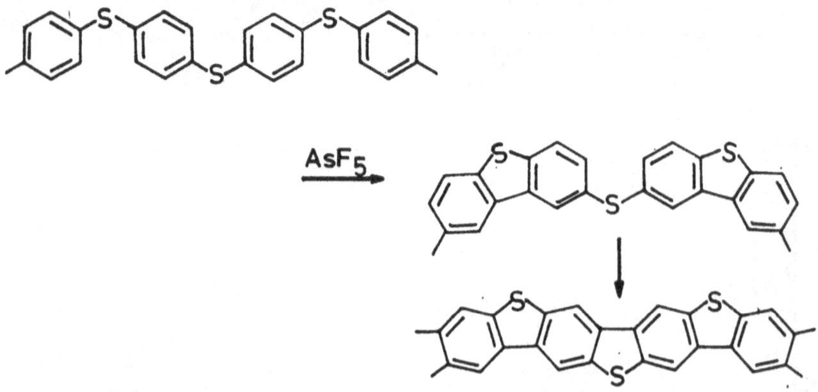

(6)

Die Unbeständigkeit der dotierten Polymere beeinträchtigt ihre Einsatzmöglichkeiten stark. Es ist deshalb das Polypyrrol hervorzuheben, das durch elektrochemische Oxydation von Pyrrol leicht zugänglich und im oxydierten Zustand gegenüber Luft und Wasser weitgehend beständig ist [64]. Eine Sonderstellung unter den polymeren Leitern nimmt das Polyschwefelnitrid $SN_x$ ein, das über eine Matrix-Polymerisation in Form von Einkristallen gewonnen werden kann [72]. Die Leitfähigkeit dieses Stoffes bleibt bis nahe zum abs. Nullpunkt metallisch und geht bei 0,3 K in Supraleitfähigkeit über. Da bereits im Neutralzustand in den $SN_x$-Ketten ein starker Ladungstransfer

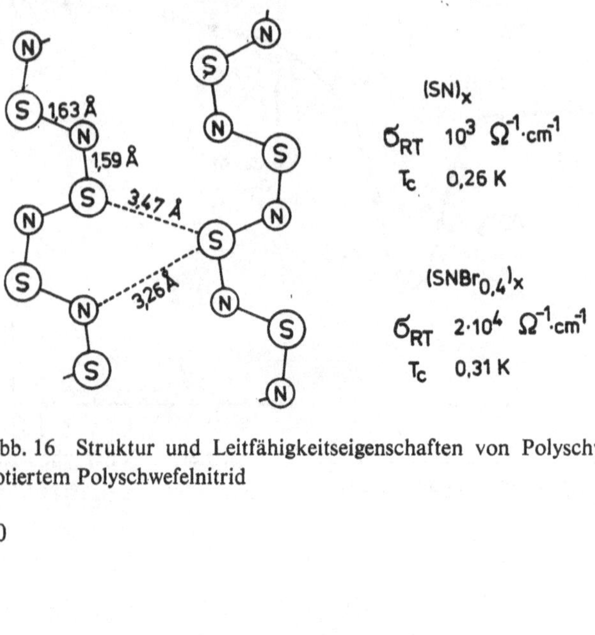


Abb. 16 Struktur und Leitfähigkeitseigenschaften von Polyschwefelnitrid und mit Brom dotiertem Polyschwefelnitrid

vom Schwefel zum Stickstoff auftritt, kann die Leitfähigkeit durch oxydative Dotierung nur noch etwa um 1 Größenordnung (vgl. Abb. 16) gesteigert werden. Die starke Wechselwirkung zwischen den Polymerketten, die in geringen intermolekularen S-N-Abständen zum Ausdruck kommt, scheint für den Übergang in den supraleitenden Zustand wesentlich zu sein [72].

Zusammenfassend kann aus diesen einleitenden Betrachtungen die Vermutung geäußert werden, daß für CT-Komplexe von der Struktur der Radikalsalze $D_2^+X^-$ mit zweidimensionaler Wechselwirkung zwischen den Donatorstapeln und kleinem, dem Perchlorat verwandten Anion sowie andererseits für hochgeordnete polymere Festkörper aus ungesättigten planar aufgebauten Polymerketten mit zwei- bzw. dreidimensionaler Wechselwirkung zwischen den Ketten, günstige Voraussetzungen bestehen, um weitere Fortschritte auf dem Gebiet der organischen Metalle mit supraleitenden Eigenschaften zu erreichen.

## 2. Synthese und Eigenschaften von Tetrathiafulvalenen (TTF) und Tetraselenafulvalenen (TSF)

Wichtige Ausgangsstoffe für TTF **1** und TSF **2** sind die 1,3-Dithiol-3-thione bzw. die 1,3-Diselenol-2-selone, die auf unterschiedlichen Wegen in die entsprechenden Fulvalenderivate überführt werden können [73].

Wir fanden, daß sich 1,3-Dithiol-2-thione bequem aus Enaminen, Tetramethylthiuramdisulfid und Schwefelwasserstoff in einem Eintopfverfahren gewinnen lassen; [74] (s. Gl. [7]).

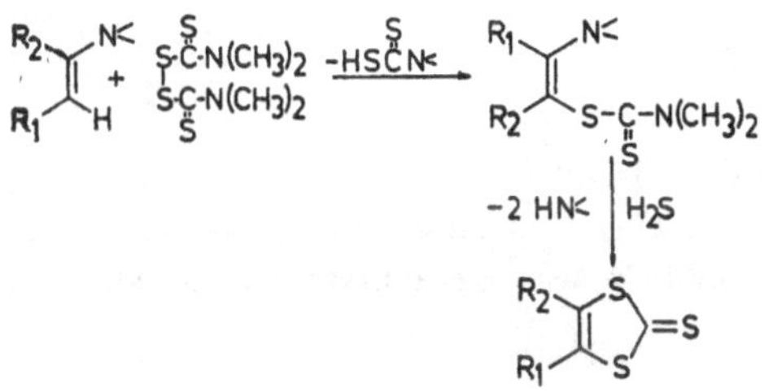

(7)

Auch der Austausch der 2-Dialkylaminogruppe in 2-Dialkylamino-1,3-dithioliumsalzen mit Schwefelwasserstoff in Pyridin hat sich zur Darstellung dieser Verbindungstypen gut bewährt; [75] (s. Gl. [8]).

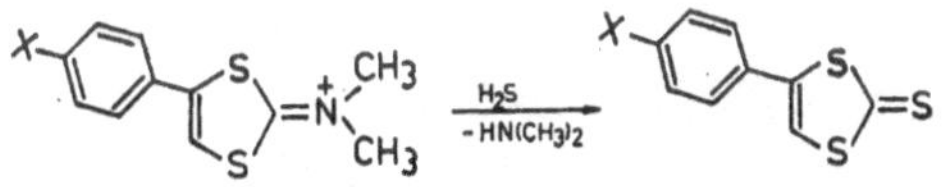

(8)

X: H, $CH_3$, $C_6H_5$, OH, $OCH_3$, $SCH_3$, Cl, Br, $NHCOCH_3$, $NH_2$, $N(CH_3)_2$ COOH, $COOCH_3$, $NO_2$

Anfallende Tetrahydro-benzo- bzw. dihydronaphtho-kondensierte Vertreter lassen sich mit Schwefel leicht zu den aromatisch-kondensierten 1,3-Dithiol-3-thionen dehydrieren [74].

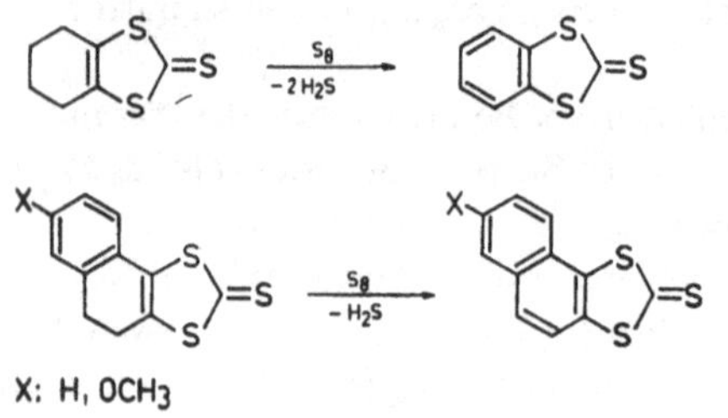

(9)

Neben anderen Verfahren (vgl. [73]) hat sich zur Darstellung der TTF aus 1,3-Dithiol-2-thionen die glatt verlaufende Alkylierung zu 2-Alkylmercapto-1,3-dithioliumsalzen und anschließende reduktive Dimerisierung mit Zink als leistungsfähiges Verfahren erwiesen, wobei bei gleichzeitiger Anwesenheit eines Oxydationsmittels wie Iod oder Brom bzw. eines Alkylierungsmittels wie Dimethylsulfat die TTF im Eintopfverfahren in guten Ausbeuten gewonnen werden können [76].

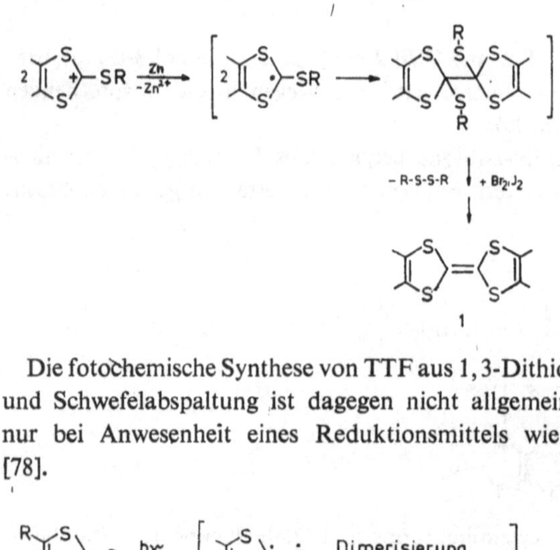

(10)

Die fotochemische Synthese von TTF aus 1,3-Dithiol-2-thionen unter Dimerisierung und Schwefelabspaltung ist dagegen nicht allgemein anwendbar [77] und verläuft nur bei Anwesenheit eines Reduktionsmittels wie Hexabutyldistannan günstiger [78].

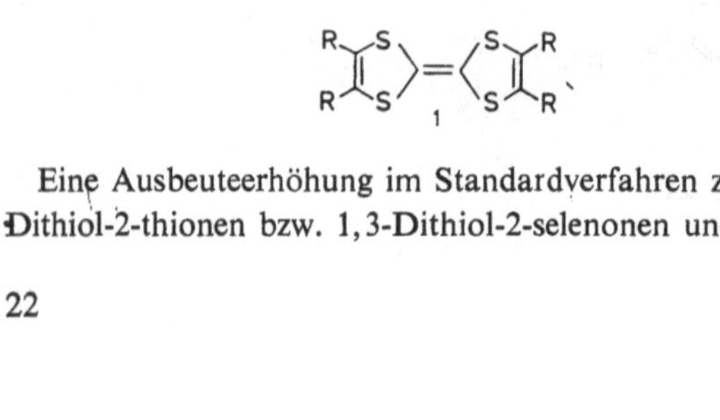

(11)

Eine Ausbeuteerhöhung im Standardverfahren zur Darstellung von TTF aus 1,3-Dithiol-2-thionen bzw. 1,3-Dithiol-2-selenonen und trivalenten Phosphorverbindungen (vgl. [73]) gelingt unter Einsatz deralkylierten bzw. der mit Hilfe von Diazoniumsalzen leicht zugänglichen arylierten Vertreter [79;80].

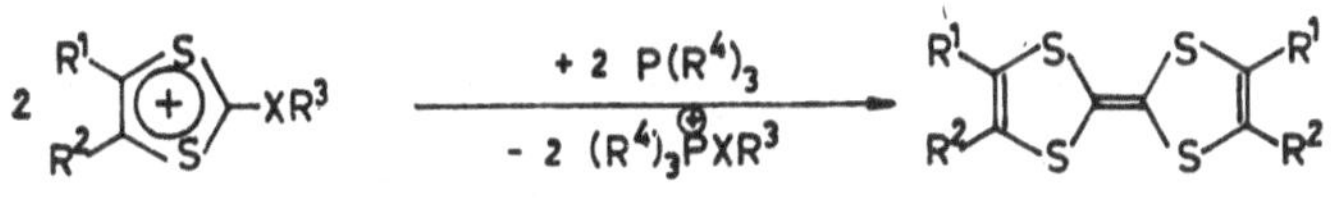


(12)

1

X: S, Se

$R^3$: Alkyl, Aryl

Die bisher synthetisierten unsymmetrisch-substituierten TTF bzw. TSF liegen im allgemeinen als nicht trennbare Gemische der cis/trans-Isomeren vor. Im Falle des dihydronaphtho-kondensierten TSF **2**v, **2**w gelang uns die Trennung der Isomeren [81], so daß auch der Einfluß der cis/trans-Struktur auf die physikalischen Eigenschaften der TSF bestimmt werden konnte (vgl. Tab. 6 u. Gl. [13]). Die Zuordnung der durch ihre Löslichkeitsunterschiede isolierten Isomeren zur cis- bzw. trans-Struktur kann außer aus ihrem $^1$H-NMR-spektroskopischen Verhalten auch leicht auf chemischem Wege getroffen werden. Nur das cis-Isomere läßt sich durch Oxydation z.B. mit

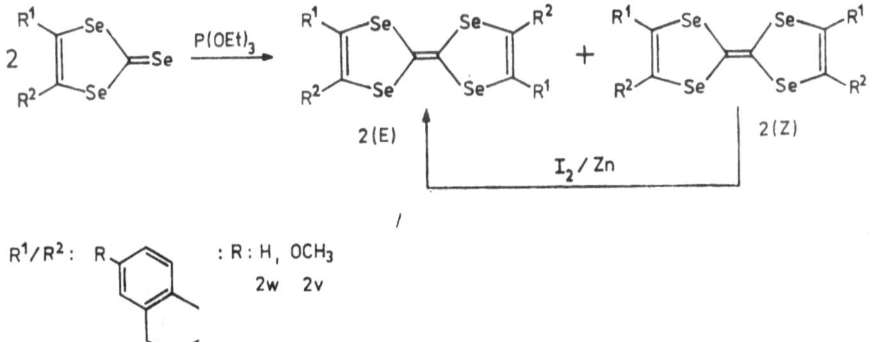


Iod über ein Radikalion mit weitgehend freier Drehbarkeit um die zentrale C-C-Bindung mit Zink zum thermodynamisch stabileren trans-Isomeren reduzieren.

Zum Verständnis von Struktur-Eigenschaftsbeziehungen von CT-Komplexen der TTF und TSF in Lösung sowie im Festkörper ist die Kenntnis ihrer Donatoreigenschaften wesentlich. Als Maß für die Donatorstärke wurden die elektrochemischen Oxydationspotentiale bestimmt. Aus Tab. 4 und Abb. 17 wird ersichtlich, daß erwartungsgemäß mit steigendem Donatorcharakter der Substituenten am TTF bzw. TSF die Werte der Oxydationspotentiale absinken. Alkylsubstitution in den TTF erhöht die Elektronendichte und verstärkt damit das Donatorvermögen. Arylsubstitution vermindert die Elektronendichte und verschiebt entsprechend das Halbstufenoxydationspotential nach positiveren Werten.

Der Substituenteneinfluß im Arylrest entspricht annähernd den Substituentenkonstanten nach Hammett, wobei die $\sigma_p^+$-Werte erwartungsgemäß eine bessere Korre-

Tab. 4 Halbstufenoxydationspotentiale der Tetrathiafulvalene **1** in Methanol/Benzen (4:1, v:v) und Tetraselenafulvalene **2** in DMF gegen die GKE (0,1 M LiCl)

| | $R^1$ | $R^2$ | $E_1^{Ox}$ [V] | $E_2^{Ox}$ [V] |
|---|---|---|---|---|
| **1a** | H | H | 0,31[c]) | 0,74 |
| **1b** | $-(CH_2)_3-$ | | 0,26[d]) | 0,67 |
| **1c** | $-(CH_2)_4-$ | | 0,25[c]) | 0,67 |
| **1c₁** | $-CH_2-CH(CH_3)-CH_2-CH_2-$ | | 0,25 | 0,68 |
| **1d** | $-(CH_2)_5-$ | | 0,21 | 0,64 |
| **1e** | p-$CH_3OC_6H_4$ | H | 0,33 | 0,73 |
| **1j** | p-$CH_3SC_6H_4$ | H | 0,36 | 0,75 |
| **1k** | p-$CH_3CONHC_6H_4$ | H | 0,35 | 0,70 |
| **1f** | p-$CH_3C_6H_4$ | H | 0,35 | 0,76 |
| **1l** | p-$C_6H_5C_6H_4$ | H | 0,40 | 0,70 |
| **1g** | $C_6H_5$ | H | 0,39 | 0,78 |
| **1m** | p-$FC_6H_4$ | H | 0,40 | 0,81 |
| **1h** | p-$ClC_6H_4$ | H | 0,43 | 0,79 |
| **1i** | p-$BrC_6H_4$ | H | 0,43 | 0,78 |
| **1n** | p-$IC_6H_4$ | H | 0,42 | 0,75 |
| **1o** | $C_6H_5$ | $C_6H_5$ | 0,41 | 0,77 |
| **1p** | p-$CH_3OC_6H_4$ | $CH_3$ | 0,30 | 0,71 |
| **1q** | p-$CH_3C_6H_4$ | $CH_3$ | 0,33 | 0,75 |
| **1r** | $C_6H_5$ | $CH_3$ | 0,34 | 0,73 |
| **1s** | p-$ClC_6H_4$ | $CH_3$ | 0,38 | 0,79 |
| **1t** | p-$BrC_6H_4$ | $CH_3$ | 0,38 | 0,78 |
| **1u** | p-$C_6H_5C_6H_4$ | $CH_3$ | 0,37 | 0,71 |
| **1v** | [a]) | | 0,30 | 0,68 |
| **1w** | [a]) | | 0,36 | 0,72 |
| **1x** | [b]) | | 0,49 | 0,85 |
| **1y** | [b]) | | 0,52 | – |
| **1z** | $-(CH)_4-$ | | 0,59[c]) | 0,89 |
| **2v(Z)** | [a]) | | 0,48 | – |
| **2v(E)** | [a]) | | 0,465 | – |
| **2w(Z)** | [a]) | | 0,495 | – |
| **2w(E)** | [a]) | | 0,49 | – |

a) 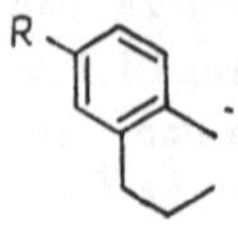 R: $CH_3O$ v; R: H w

b) 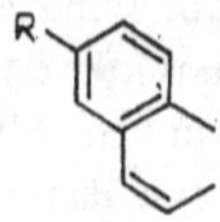 R: $CH_3O$ x; R: H y

[c]) in Acetonitril; 0,1 M $(Et)_4NBF_4$, gegen GKE [82; 83]
**1a**: 0,33 V, 0,70 V; **1c**: 0,28 V, 0,68 V; **1z**: 0,60 v, 0,94 V.
[d]) in Acetonitril; 0,1 M $(Bu)_4NClO_4$, gegen GKE [84]
**1b**: 0,31 V, 0,74 V

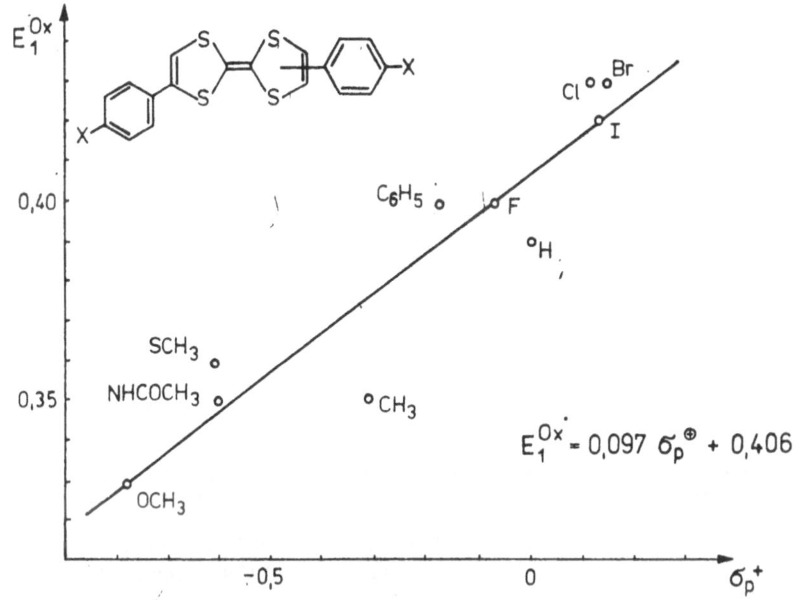


Abb. 17 Abhängigkeit der Halbstufenoxydationspotentiale in 2- und 6(7)-Position diarylierter TTF **1** von den $\sigma_p^+$-Konstanten der Substituenten X

lation (r = 0,94) ergeben als die $\sigma_p$-Werte. An das TTF-Gerüst ankondensierte aromatische Systeme setzen die Donatorstärke drastisch herab.

Die TSF sind im Vergleich zu den TTF die schwächeren Donatoren, obwohl das Selen eine geringere Ionisierungsenergie als der Schwefel besitzt (9,8 eV gegenüber 10,4 eV). Offensichtlich vermag das voluminöse Selen die positive Ladung im heterocyclischen Fünfring weniger gut durch Mesomerie zu delokalisieren als der Schwefel, so daß die Bildung des weniger stabilen Kations die größere Energie erfordert (vgl. auch [85]). Der Einfluß der cis/trans-Isomerie auf das Oxydationspotential der Dihydronaphtho-TSF ist gering.

## 3. Charge-Transfer-Komplexbildung der TTF mit TCNQ in Lösung

Während in der Vergangenheit den TTF/TCNQ-Komplexen auf Grund ihrer besonderen Festkörpereigenschaften besondere Aufmerksamkeit entgegengebracht wurde, interessierte es uns auch, inwieweit in Lösung das ganze Spektrum der Wechselwirkung zwischen TTF und TCNQ entsprechend Gl. [14] von schwacher Charge-Transfer-Wechselwirkung bis hin zur Elektronenübertragung und damit der Bildung von Radikalionen nachzuweisen ist.

$$D_{solv.} + A_{solv.} \rightleftarrows |D \ldots A \leftrightarrow D^+ \ldots A^-|_{solv.} \rightleftarrows D^{+\cdot}_{solv.} + A^{-\cdot}_{solv.} \quad (14)$$

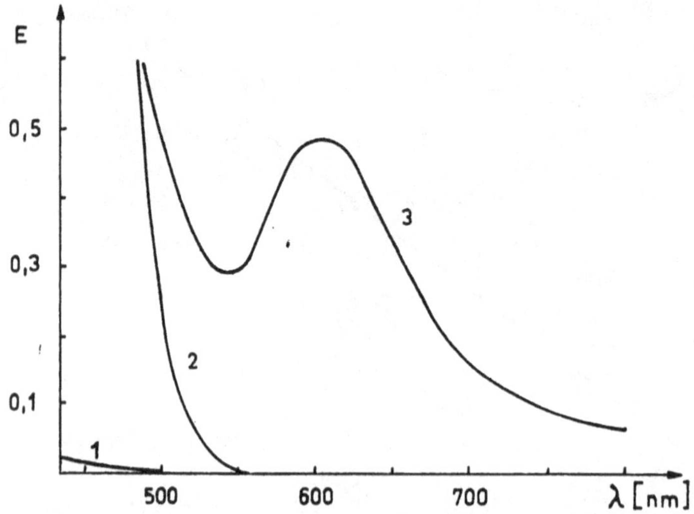


Abb. 18 Absorptionsspektrum des Charge-Transfer-Komplexes Octamethylen-TTF/TCNQ in Chloroform (Kurve 3: $6{,}0 \cdot 10^{-3}$ M OMTTF + $9{,}2 \cdot 10^{-5}$ M TCNQ; Kurve 2: $6{,}0 \cdot 10^{-3}$M OMTTF; Kurve 1: $9{,}2 \cdot 10^{-5}$ M TCNQ; jeweils in Chloroform)

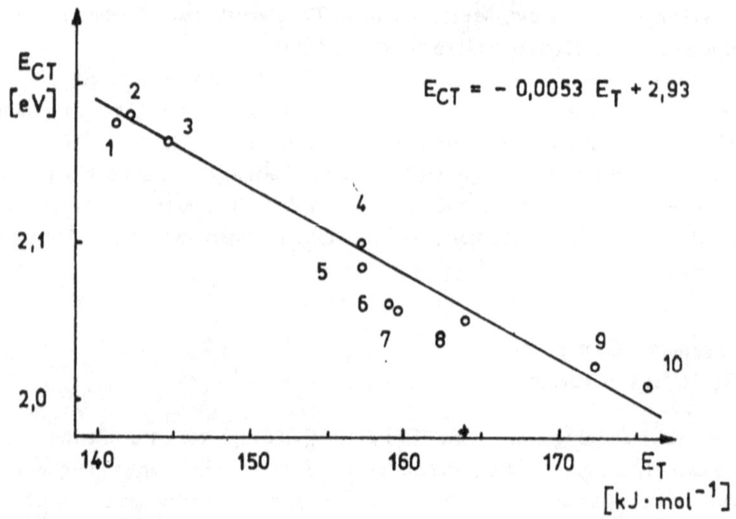


Abb. 19 Abhängigkeit der Lage des CT-Absorptionsmaximums des CT-Komplexes aus OMTTF **1c** und TCNQ vom $E_T$-Wert des Lösungsmittels (1 tert-Butylbenzen, 2 Toluen, 3 Benzen, 4 Chlorbenzen, 5 Brombenzen, 6 Iodbenzen, 7 o-Dichlorbenzen, 8 Chloroform, 9 Dichlormethan, 10 1,2-Dichlorethan)

Wir fanden, daß sich in schwach polaren Lösungsmitteln CT-Komplexe ausbilden, und eine entsprechende neue Absorptionsbande im vis-Spektrum beobachtet werden kann (vgl. Abb. 18). Die Lage dieser CT-Bande wird mit steigender Polarität des Lösungsmittels bathochrom verschoben, da der im Vergleich zum Grundzustand polarere angeregte Zustand des Komplexes mit steigender Lösungsmittelpolarität stärker stabilisiert wird, was zur Verringerung der Anregungsenergie führt (vgl. Abb. 19). Steigerung der Polarität über die des Dichlormethans hinaus ($E_T$-Wert $> 175\,kJ\,mol^{-1}$) führt z. B. für den OMTTF-TCNQ-Komplex zur vollständigen Elektronenübertragung und zum Auftreten der Absorptionen der entsprechenden Radikalionen. Auch die Steigerung des Donatorvermögens der TTF durch Substitution verschiebt die Lage der CT-Bande bathochrom [86]. Die Anregungsenergie des CT-Überganges korreliert in Übereinstimmung mit der Theorie (vgl. [87]) mit dem Oxydationspotential der TTF (vgl. Abb. 20). Je niedriger der Wert des Oxydationspotentials des TTF, desto geringer ist die zur Anregung notwendige Energie.

Die TTF-TCNQ-Komplexe liegen in Lösung in 1:1-Stöchiometrie vor, was sich nach der Methode der Variation der Konzentration nach Job [88] ergibt. Die nach Benesi-Hildebrand [89] ermittelten Komplexbildungskonstanten zeigen, daß das Gleichgewicht weitgehend auf der Seite der Komplexe liegt. Der Logarithmus der Komplexbildungskonstante sinkt mit steigendem Wert des Oxydationspotentials (sinkender Donatorfähigkeit) der TTF linear ab (vgl. Abb. 21).

Die vorgestellten Ergebnisse veranschaulichen, daß sich mit TCNQ als Akzeptor in Lösung je nach Donatorstärke des TTF und der Polarität des Lösungsmittels die gesamte Breite der Wechselwirkung, und zwar von keinerlei CT-Wechselwirkung wie im Falle der akzeptor-substituierten TTF **1x**–**1z** bis zur vollständigen Elektronenübertragung nachweisen läßt.

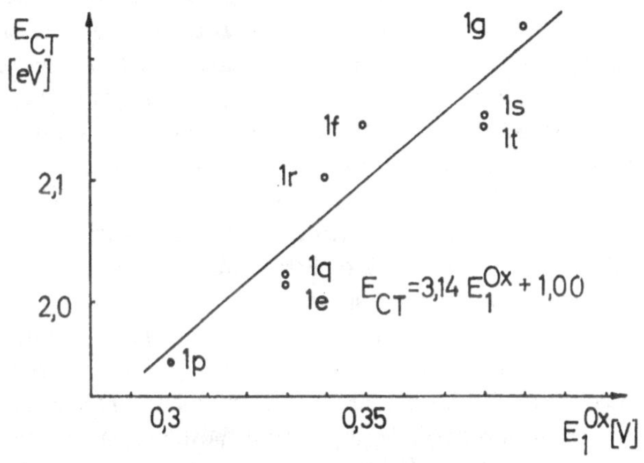


Abb. 20 Abhängigkeit der Lage des CT-Absorptionsmaximums der CT-Komplexe aus TCNQ und substituierten TTF **1** (s. Tab. 4) vom Halbstufenoxydationspotential in Chloroform

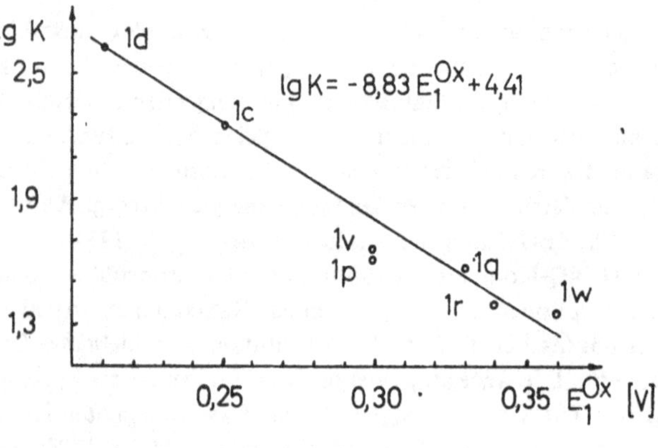


Abb. 21 Abhängigkeit der Komplexbildungskonstanten der CT-Komplexe aus TCNQ und substituierten TTF **1** in Chloroform von den Halbstufenoxydationspotentialen der TTF (vgl. Tab. 4)

## 4. TTF- und TSF-Komplexe mit hoher elektrischer Leitfähigkeit

Von den in Tab. 4 aufgeführten TTF und TSF bilden zwar die meisten mit TCNQ Komplexe, doch nur wenige dieser Komplexe besitzen metallische Leitfähigkeit. Zur Ausbildung von TTF/TCNQ-Komplexen mit getrennter Stapelstruktur von Donator und Akzeptor und damit hoher Leitfähigkeit, ist neben den bereits einleitend aufgeführten Faktoren insbesondere auch der sterische Bau der Donatoren von großer Bedeutung. So besitzt das Octamethylen-TTF (OMTTF) **1c** zwar eine dem Hexamethylen-TTF (HMTTF) **1b** vergleichbare Donatorstärke (s. Tab. 4), doch auf Grund der größeren Sperrigkeit des Tetramethylensubstituenten kristallisiert der entsprechend TCNQ-Komplex in gemischter Stapelstruktur [90] und ist ein Halbleiter, während der HMTTF/TCNQ-Komplex als organisches Metall mit getrennter Stapelstruktur erhalten wird [91].

Zur näheren Abschätzung dieser sterischen Faktoren auf das Leitfähigkeitsverhalten von TTF/TCNQ-Komplexen haben wir die Donator- und Leitfähigkeitseigenschaften der TCNQ-Komplexe von phenyl-methyl-substituierten TTF (PMTTF) und dihydronaphthokondensierten Vertretern (DHNTFF) verglichen. Es kann erwartet werden, daß sich in beiden Verbindungstypen die elektronischen Eigenschaften weitgehend entsprechen, der sterische Bau der Verbindungen aber deutliche Unterschiede aufweist. Durch sterische Hinderung von Methylgruppe und orthoständigem Wasserstoffatom des Phenylrestes in **1r** wird dieser in Übereinstimmung mit Molekülmodellbetrachtungen aus der Molekülebene herausgedreht [92]. Verknüpft man die ortho-Position des Phenylrestes über eine Methylenbrücke mit dem Kohlenstoff der Methylgruppe wie in **1w**, kann man dagegen eine Einebnung des gesamten Moleküls erwarten (vgl. Gl. [15]).

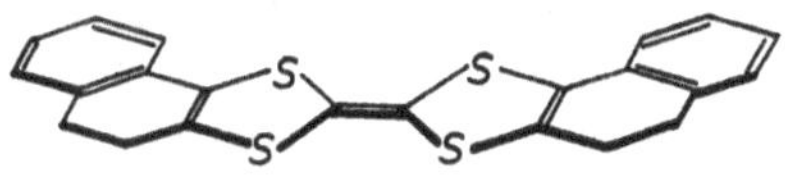

DHNTTF

(15)

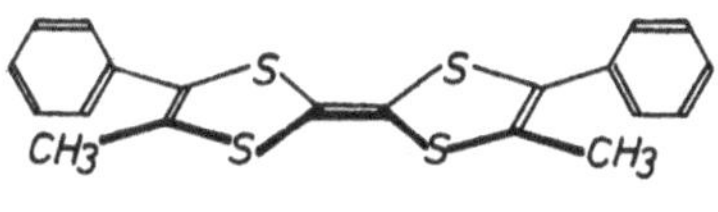

PMTTF

Die dargestellten sterischen Unterschiede wirken sich nicht auf die elektronischen Eigenschaften der Verbindungen aus, die ermittelten Oxydationspotentiale sich entsprechender Verbindungen sind annähernd gleich (vgl. Tab. 4 und Gl. 16, 17). Ausgeprägter sind dagegen die Unterschiede in den Leitfähigkeitseigenschaften der TCNQ-Komplexe. Die höheren Leitfähigkeiten werden für die sterisch weniger belasteten DHNTTF/TCNQ-Komplexe gefunden (s. Gl. [16], [17]).

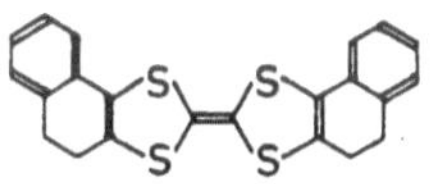

1w $E_1 = 0{,}36$ V
$\sigma_{RT}$/TCNQ $= 2{,}2 \cdot 10^{-1}\ \Omega^{-1}\mathrm{cm}^{-1}$

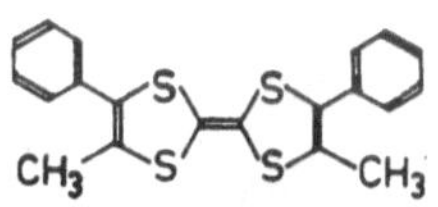

1r $E_1 = 0{,}34$ V
$\sigma_{RT}$/TCNQ$_{0,5}$ $= 1{,}1 \cdot 10^{-5}\ \Omega^{-1}\mathrm{cm}^{-1}$

(16)

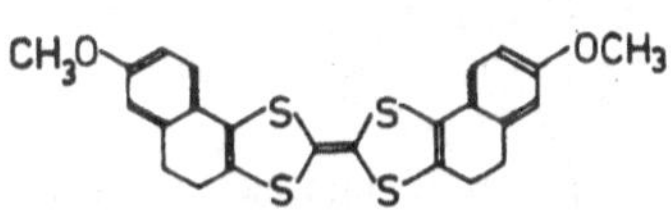

1v $E_1 = 0{,}30$ V
$\sigma_{RT}$/TCNQ $= 1{,}5 \cdot 10^{-1}\ \Omega^{-1}\mathrm{cm}^{-1}$

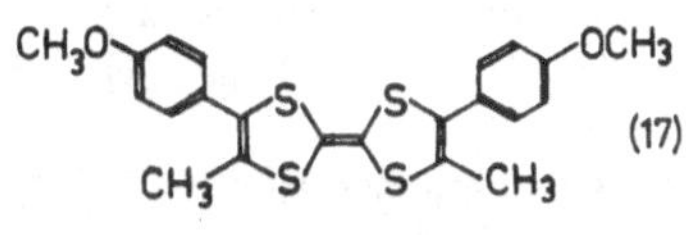

$E_1 = 0{,}30$ V
$\sigma_{RT}$/TCNQ$_{0,5}$ $= 2{,}1 \cdot 10^{-2}\ \Omega^{-1}\mathrm{cm}^{-1}$

(17)

Auch die Aktivierungsenergien der Leitfähigkeiten der Komplexe **1r**/TCNQ bzw. **1v** und **1w**/TCNQ weisen deutliche Unterschiede auf (0,1 eV bzw. 0,02 eV). Die Temperaturabhängigkeit der Leitfähigkeit der Komplexe wird zwischen 85 K und 320 K durch die Exponentialfunktion $\sigma = \sigma_0 \exp. (-E_a/RT)$ beschrieben. Der für polykristallines Material niedrige Wert für $E_a$ von 0,02 eV läßt uns vermuten, daß in Einkristallen der DHNTTF/TCNQ-Komplexe metallische Leitfähigkeit auftritt. Leider gelang es aber nicht, Einkristalle genügender Qualität zu züchten, so daß wir versuchten, auf indirektem Wege metallische Leitfähigkeit für Einkristalle dieser Komplexe wahrscheinlich zu machen.

Mit Hilfe der Lage der CN-Valenzschwingung läßt sich leicht der Grad des Ladungstransfers in TTF/TCNQ-Komplexen ermitteln [93; 94]. Aus Abb. 22 wird ersichtlich, daß die Komplexe **1v**/TCNQ und **1w**/TCNQ mit einem Ladungstransfer von $\varrho =$ 0,62 bzw. $\varrho = 0{,}69$ in einem für metallische Leitfähigkeit typischen Bereich liegen, während sterisch belastete TCNQ-Komplexe einen für Halbleiter typischen Ladungstransfer von unter 0,5 aufweisen (vgl. auch Tab. 5).

Eine annähernde lineare Korrelation finden wir auch zwischen der ESR-spektroskopisch ermittelten molaren Spinkonzentration der untersuchten Komplexe und dem

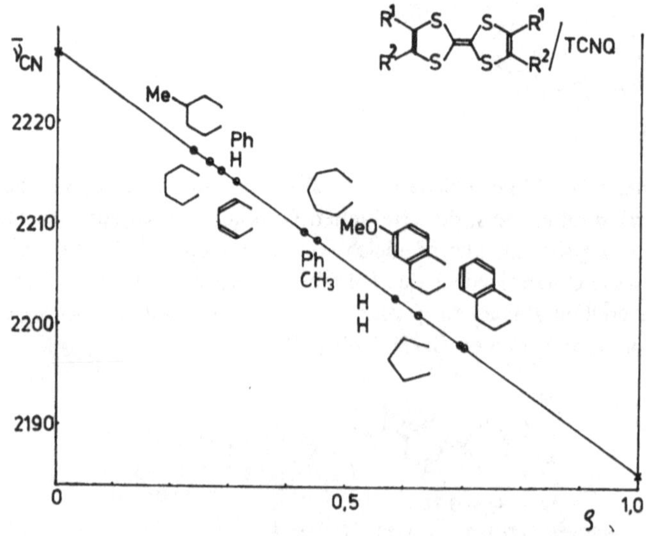


Abb. 22 Abhängigkeit der Lage der C≡N-Valenzschwingung des TCNQ in TTF-TCNQ-Komplexen vom Grad des Ladungstransfers $\varrho$ in diesen Komplexen (Eichung: $\varrho = 0$ im TCNQ, $\varrho = 1{,}0$ im $TCNQ^{\cdot -}$, $\varrho = 0{,}59$ im TTF/TCNQ; $\varrho = 0{,}72$ im HMTTF/TCNQ)

Tab. 5 Halbstufenoxydationspotential der TTF **1**, Ladungstransfer und elektrische Leitfähigkeit der TCNQ-Komplexe

| | $E_1^{Ox}$ [V] | $\varrho$ | | $\sigma[\Omega^{-1}\ cm^{-1}]$ |
|---|---|---|---|---|
| **1d** | 0,21 | 0,43 | **1d** · $TCNQ_{0,5}$ | $9{,}9 \cdot 10^{-7}$ |
| **1c** | 0,25 | 0,26 | **1c** · TCNQ | $7{,}7 \cdot 10^{-8}$ |
| **1c$_1$** | 0,25 | 0,24 | **1c$_1$** · TCNQ | $3{,}0 \cdot 10^{-8}$ |
| **1b** | 0,26 | 0,72 | **1b** · TCNQ | $6{,}9 \cdot 10^{-1}$ |
| **1v** | 0,30 | 0,62 | **1v** · TCNQ | $1{,}5 \cdot 10^{-1}$ |
| **1a** | 0,31 | 0,59 | **1a** · TCNQ | $9{,}9 \cdot 10^{-1}$ |
| **1r** | 0,34 | 0,45 | **1r** · $TCNQ_{0,5}$ | $1{,}1 \cdot 10^{-5}$ |
| **1w** | 0,36 | 0,69 | **1w** · TCNQ | $2{,}2 \cdot 10^{-1}$ |
| **1g** | 0,36 | 0,29 | **1g** · TCNQ | $3{,}1 \cdot 10^{-7}$ |
| **1z** | 0,59 | 0,31 | **1z** · TCNQ | $5{,}7 \cdot 10^{-8}$ |

Grad des Ladungstransfers (vgl. Abb. 23) [94]. Auch hierbei ordnen sich die TCNQ-Komplexe von **1v**, **1w** im Bereich solcher Verbindungen ein, die im Einkristall metallische Leitfähigkeit bzw. getrennte Stapelstruktur aufweisen.

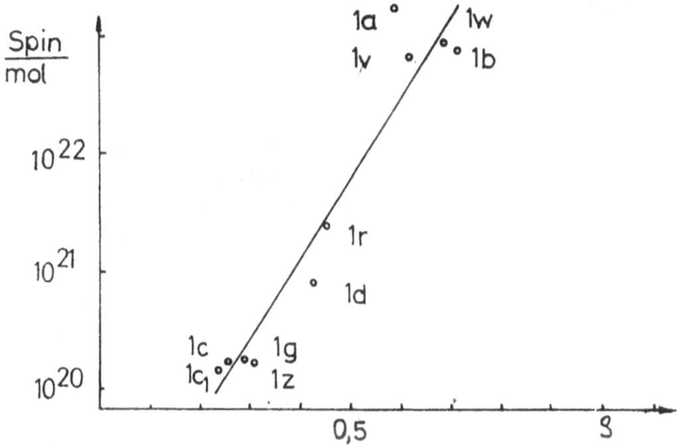


Abb. 23 Abhängigkeit der molaren Spinkonzentration der TTF/TCNQ-Komplexe vom Grad des Ladungstransfers $\varrho$

Weiterhin stellten wir mit gleicher Tendenz der Einordnung dieser Komplexe fest, daß mit zunehmender molarer Spinkonzentration auch die Leitfähigkeit ansteigt (vgl. Abb. 24), so daß metallische Leitfähigkeit im Einkristall dieser Verbindungen sehr wahrscheinlich ist.

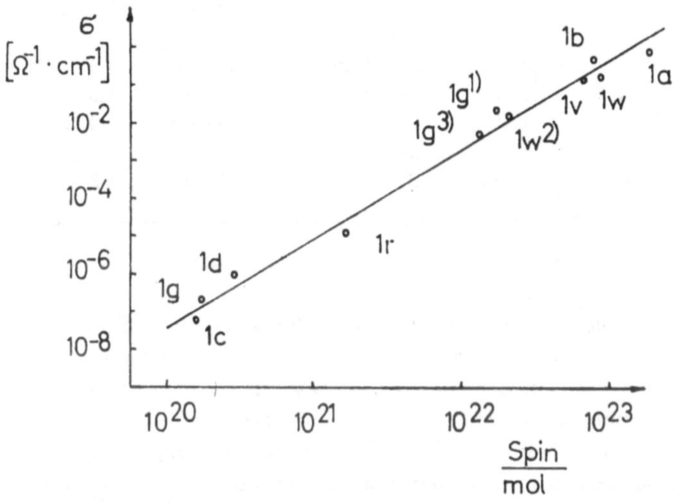


Abb. 24 Abhängigkeit der elektrischen Leitfähigkeit von TTF-Komplexen (Struktur der TTF s. Tab. 4) von der Spinkonzentration

1) **1g** · $(ClO_4)_{0,7}$; 2) **1w** · $I_{0,5}$; 3) **1g** · $Br_{0,5}$; alle anderen TTF als TCNQ-Komplexe

Die aufgezeigten Korrelationen machen auch deutlich, daß in TTF/TCNQ-Komplexen trotz Erfüllung der in Gl. [4] angegebenen Grenzbedingungen der Potentialdifferenz für Donator und Akzeptor metallische Leitfähigkeit nur erreicht wird, wenn weitgehend planare Moleküle vorliegen. Nur unter dieser Voraussetzung wird in den TTF/TCNQ-Komplexen ein Charge-Transfer zwischen 0,5 bis 0,9, eine hohe Spinkonzentration von $\sim 10^{23}$ Spin/Mol und der damit verbundene getrennte Stapelaufbau von Donator und Akzeptor erreicht.

Die von uns ebenfalls untersuchten Dihydronaphtho-TSF(DHNTSF)TCNQ-Komplexe, die ebenfalls nicht als Einkristalle erhalten werden konnten, ordnen sich in die oben vorgestellten Betrachtungen ein [94]. Trotz verminderter Donatorfähigkeit der TSF (vgl. Tab. 4) wird auf Grund der größeren Orbitale am Selen und der damit verbundenen besseren Orbitalüberlappung in den entsprechenden TSF/TCNQ-Komplexen eine den TTF-Komplexen entsprechende Leitfähigkeit und molare Spinkonzentration erreicht (vgl. Tab. 6). Die maximalen Spin- und Leitfähigkeitswerte

Tab. 6 Elektrische Leitfähigkeit und Spinkonzentration (bezogen auf 1:1 Komplex) der TCNQ-Komplexe der Tetraselenafulvalene **2** bei Raumtemperatur

| Z-Isomere | Spin · mol$^{-1}$ | $\sigma[\Omega^{-1}\ cm^{-1}]$ | E-Isomere | Spin · mol$^{-1}$ | $\sigma[\Omega^{-1}\ cm^{-1}]$ |
|---|---|---|---|---|---|
| **2v** · $TCNQ_{0,5}$ | $1,5 \cdot 10^{23}$ | $2,4 \cdot 10^{-1}$ | **2v** · $TCNQ_{0,40}$ | $1,4 \cdot 10^{23}$ | $1,5 \cdot 10^{-1}$ |
| | | | **2w** · $TCNQ_{0,15}$ | $1,8 \cdot 10^{23}$ | $2,3 \cdot 10^{-2}$ |
| | | | **2w** · $TCNQ_{0,25}$ | $1,6 \cdot 10^{23}$ | $9,0 \cdot 10^{-2}$ |
| **2w** · $TCNQ_{0,50}$ | $1,5 \cdot 10^{23}$ | $5,0 \cdot 10^{-2}$ | **2w** · $TCNQ_{0,50}$ | $1,2 \cdot 10^{23}$ | $6,4 \cdot 10^{-2}$ |
| **2w** · $TCNQ_{0,70}$ | $7,5 \cdot 10^{22}$ | $1,8 \cdot 10^{-3}$ | **2w** · $TCNQ_{0,70}$ | $3,3 \cdot 10^{22}$ | $6,0 \cdot 10^{-4}$ |
| **2w** · $TCNQ_{0,80}$ | $3,3 \cdot 10^{19}$ | $1,3 \cdot 10^{-5}$ | **2w** · $TCNQ_{0,80}$ | $3,4 \cdot 10^{19}$ | $2,4 \cdot 10^{-5}$ |
| | | | **2w** · $TCNQ_{0,90}$ | $8,1 \cdot 10^{21}$ | $3,4 \cdot 10^{-3}$ |
| **2w** · TCNQ | $1,5 \cdot 10^{23}$ | $6,3 \cdot 10^{-3}$ | **2w** · TCNQ | $1,1 \cdot 10^{23}$ | $1,3 \cdot 10^{-2}$ |

bei einer stöchiometrischen Zusammensetzung der TSF/TCNQ-Komplexe von 2:1 bzw. 1:1 deuten darauf hin, daß nur bei dieser Zusammensetzung reine Phasen vorliegen. Signifikante Unterschiede der Leitfähigkeit bzw. der molaren Spinkonzentration werden in den Komplexen in Abhängigkeit von der cis- bzw. trans-Struktur der eingesetzten TSF nicht gefunden. Dies ist auch nicht zu erwarten, da der TCNQ-Komplexbildung eine Elektronenübertragung in Lösung (DMF als Lösungsmittel) vorausgeht, wodurch ein TSF-Radikal mit freier Drehbarkeit um die zentrale C-C-Bindung gebildet wird, das in das thermodynamisch stabilere trans-Isomere übergehen und die Komplexbildung mit dem TCNQ eingehen sollte.

## 5. Schwefelenthaltende elektronenleitende Polymere

### *5.1. Darstellung und Eigenschaften polymerer Tetrathiafulvalene und ihrer CT-Komplexe*

Für die Entwicklung unkonventioneller silberfreier Informationsaufzeichnungsmaterialien waren wir an der Synthese polymerer TTF interessiert, die als potentielle elektronenleitende Matrizen Bedeutung zum Aufbau aktiver Schichtunterlagen zur Effektivitätssteigerung von fotoinduzierten Redox-Reaktionen erlangen könnten. Um gleichzeitig eine Information über die Bedeutung des Ladungstransports entlang einer konjugierten Polymerkette bzw. senkrecht dazu, und zwar von TTF- zu TTF-Einheit zu erhalten, wurden Polymere synthetisiert, in denen bei sonst vergleichbarer Struktur die TTF-Einheiten einmal über 1,4-Phenylen- bzw. 4,4'-Biphenylylen-Reste konjugativ und andererseits über einen Ethylenrest nicht konjugativ verknüpft sind [95; 96]. Zur Abschätzung des Substituenteneinflusses auf die Leitfähigkeit variierten wir darüber hinaus die Substituenten am TTF (R: H, $CH_3$), vgl. Abb. 25. Weiterhin verknüpften wir die Phenylreste eines Polystyrols geringer Molmasse ($\overline{M}_p$: 3000) in para-Stellung mit TTF-Einheiten [97].

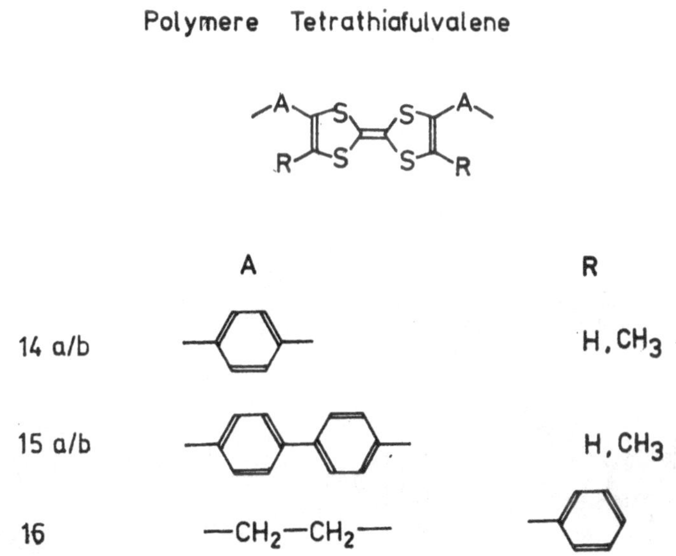


Abb. 25 Struktur polymerer TTF unter Variation der Art der Verbrückung A und der Substituenten R

Diese polymeren TTF sind aus einfachen Ausgangsstoffen über Mehrstufensynthese zugänglich, wie am Beispiel der arylenverknüpften Vertreter **14b**, **15b** in Abb. 26 gezeigt wird. Polymerisiert werden entsprechende Bis-1,3-dithiolium-perchlorate mit einem tertiären Amin wie Triethylamin, wobei sich das entstehende 1,3-Dithiolcarben an ein weiteres 1,3-Dithiolium-Kation in 2-Stellung unter C—C-Bindungsbildung anlagert [73]. Die erhaltenen polymeren TTF **14**–**18** sind gelbe bis rotbraune amorphe Pulver, die oberhalb 360° unter Zersetzung schmelzen und in den üblichen organischen Lösungsmitteln weitgehend unlöslich sind. Als Endgruppen lassen sich 1,3-Dithiolium-perchloratreste IR-spektroskopisch durch eine intensive Bande bei 1100 $cm^{-1}$

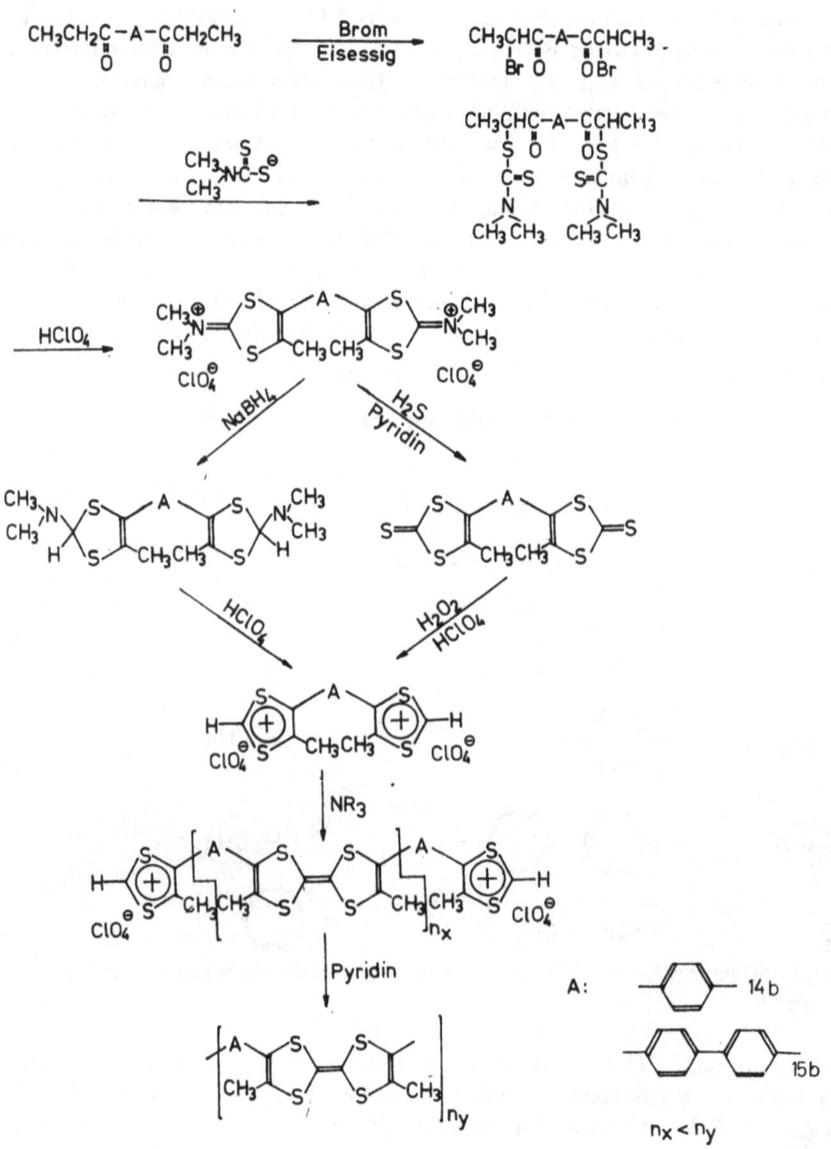

Abb. 26 Schema der Darstellung von arylenverbrückten polymeren TTF **14b** und **15b**

nachweisen, so daß aus dem elementaranalytisch bestimmten Chlorgehalt die mittlere Molmasse abgeschätzt werden kann. Es handelt sich um Oligomere aus 5 bis 18 Monomereinheiten.

Durch Kochen in Pyridin können diese Oligomere weiter di-, tetra- und polymerisiert werden, wobei der Chlorgehalt unter die Nachweisgrenze der Elementaranalyse sinkt. Die erhaltenen Polymere **14**–**16** lösen sich in konzentrierter Schwefelsäure unter Oxydation über die Monokationen zu den Dikationen der TTF-Einheiten (s. Gl. [18]).

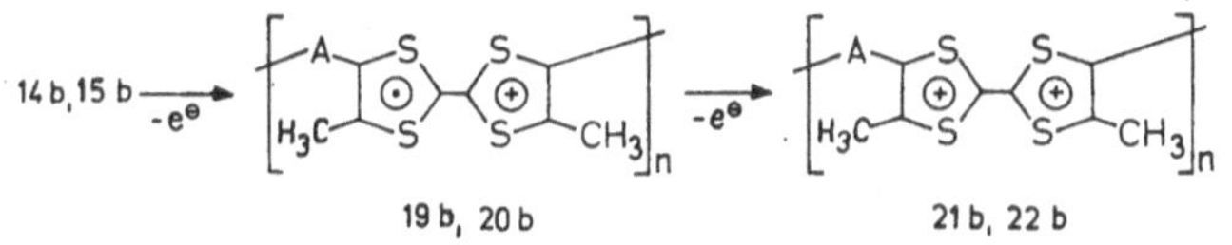


(18)

Der Radikalcharakter des Monokations kann durch ein breites unstrukturiertes Signal im ESR-Spektrum (Radikalkation des polymeren TTF **14a**, g = 2,0037 und **15a**, g = 2,0027) und auch UV-vis-spektroskopisch nachgewiesen werden. Das Oxydationsverhalten der polymeren TTF gegenüber Schwefelsäure entspricht dem der nicht polymeren Grundkörper, die mit $H_2SO_4$ ebenfalls zum Mono- und Dikation oxydierbar sind (vgl. [95; 96]). Mit den schwächeren Oxydationsmitteln Brom und Iod werden die Verbindungen **14** und **15** nur bis zu den Radikalsalzen **19** und **20** oxydiert (**14a** · $Br_{1,1}$: g = 2,0042; **15b** · $I_{0,8}$: g = 2,0045).

Zur Darstellung des Polystyrol-TTF **18** wurde in 2-Stellung unsubstituiertes Polystyrol-1,3-dithioliumsalz mit Triethylamin zum polymeren TTF **18** vernetzt. Weiterhin versuchten wir, durch Umsetzung dieser 1,3-Dithioliumsalze bei Anwesenheit eines Überschusses (5 molar) von 4,5-Tetramethylen-1,3-dithioliumsalz gering vernetzte Produkte **17** zu erhalten. Die synthetisierten Polystyrol-TTF-Typen **17**, **18** lösen sich in den üblichen organischen Lösungsmitteln und auch in konz. Schwefelsäure nicht, so daß auch für **17** in erheblichem Umfang Vernetzung angenommen werden muß. Die Verbindungen zeichnen sich durch hohe thermische Stabilität aus.

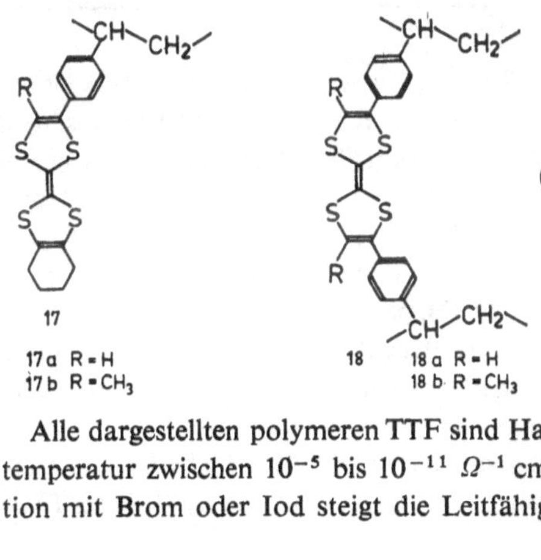


(19)

Alle dargestellten polymeren TTF sind Halbleiter, die eine Leitfähigkeit bei Raumtemperatur zwischen $10^{-5}$ bis $10^{-11}$ $\Omega^{-1}$ $cm^{-1}$ besitzen (vgl. Tab. 7). Durch Oxydation mit Brom oder Iod steigt die Leitfähigkeit um mehrere Größenordnungen an.

Unter den konjugativ-verknüpften Polymeren erreichen die 1,4-phenylen-verknüpften höhere Leitfähigkeiten als die 4,4-Biphenylylen-Derivate, die auf Grund der Verdrillung im Biphenylrest eine zusätzliche Störung der Konjugation aufweisen sollten. Beide Vertreter übertreffen in ihren Leitfähigkeitseigenschaften die isolierend verknüpften TTF-Polymere und diese wiederum das Polystyrol-TTF, das wahrscheinlich im Festkörper den geringeren Ordnungsgrad aufweist. Methyl-Substitution am TTF-Gerüst, die mit einer Elektronendichteerhöhung verbunden ist, wirkt sich leitfähigkeitserhöhend aus, so daß unter den günstigsten strukturellen Bedingungen im **14b**/TCNQ- bzw. **14b**/I-Komplex die höchsten Leitfähigkeitswerte von $\sigma \approx 10^{-3}\ \Omega^{-1}\ \mathrm{cm}^{-1}$ erhalten werden.

Tab. 7 Elektrische Leitfähigkeit ($\Omega^{-1} \cdot \mathrm{cm}^{-1}$) polymerer TTF sowie ihrer Iod- und TCNQ-Komplexe

| | | | |
|---|---|---|---|
| **14b** | $2{,}3 \cdot 10^{-5}$ | **15b** | $7{,}9 \cdot 10^{-10}$ |
| **14b** $\cdot$ $I_{0,4}$ | $3{,}1 \cdot 10^{-3}$ | **15b** $\cdot$ $I_{0,5}$ | $4{,}0 \cdot 10^{-5}$ |
| **14b** $\cdot$ $I_{0,9}$ | $5{,}5 \cdot 10^{-4}$ | **15b** $\cdot$ $I_{0,8}$ | $3{,}3 \cdot 10^{-5}$ |
| **14b** $\cdot$ $TCNQ_{0,5}$ | $1{,}7 \cdot 10^{-3}$ | **15b** $\cdot$ $TCNQ_{0,7}$ | $1{,}5 \cdot 10^{-4}$ |
| **16** | $2{,}9 \cdot 10^{-8}$ | **14a** | $9{,}2 \cdot 10^{-6}$ |
| **16** $\cdot$ $I_{0,5}$ | $2{,}6 \cdot 10^{-6}$ | **14a** $\cdot$ $I_{0,5}$ | $1{,}5 \cdot 10^{-4}$ |
| **16** $\cdot$ $I_{0,9}$ | $6{,}3 \cdot 10^{-7}$ | **15a** | $3{,}3 \cdot 10^{-12}$ |
| **16** $\cdot$ TCNQ | $1{,}0 \cdot 10^{-7}$ | **15a** $\cdot$ $I_{0,5}$ | $3{,}2 \cdot 10^{-7}$ |
| **18** | $2{,}4 \cdot 10^{-10}$ | **18b** | $6{,}4 \cdot 10^{-12}$ |
| **18a** $\cdot$ $I_{0,5}$ | $5{,}1 \cdot 10^{-9}$ | **18b** $\cdot$ $I_{0,5}$ | $2{,}4 \cdot 10^{-10}$ |
| **18a** $\cdot$ $I_{0,9}$ | $2{,}4 \cdot 10^{-8}$ | **18b** $\cdot$ $I_{1,0}$ | $1{,}3 \cdot 10^{-9}$ |
| | | **18b** $\cdot$ TCNQ | $5{,}5 \cdot 10^{-11}$ |
| **17a** | $1{,}6 \cdot 10^{-11}$ | **17b** | $6{,}4 \cdot 10^{-11}$ |
| **17a** $\cdot$ $I_{0,5}$ | $4{,}5 \cdot 10^{-9}$ | **17b** $\cdot$ $I_{0,5}$ | $1{,}7 \cdot 10^{-9}$ |
| **17a** $\cdot$ TCNQ | $7{,}9 \cdot 10^{-11}$ | **17b** $\cdot$ $I_{1,0}$ | $7{,}0 \cdot 10^{-8}$ |
| | | **17b** $\cdot$ TCNQ | $3{,}3 \cdot 10^{-10}$ |

Die Leitfähigkeit wird außer durch die Struktur der Polymeren auch stark durch den Oxydationsgrad beeinflußt. Mit steigendem Entzug von Elektronen aus dem Polymeren steigt die Leitfähigkeit bis zu einem optimalen Wert an, der bei einem stöchiometrischen Verhältnis TTF-Einheit:Iod kleiner 1 liegt, um bei weiterem Elektronenentzug wieder zu sinken (vgl. Abb. 27). Es erweist sich also ähnlich wie bereits für die „monomeren" TTF-Komplexe dargestellt, ein vollständiger Ladungstransfer ($\varrho = 1$) auch in den polymeren Verbindungen als ungünstig.

Die Ergebnisse unterstreichen insgesamt die Bedeutung des Ladungstransportes entlang der ungesättigten Polymerkette, der bei konjugativer und planarer Anordnung der ungesättigten Monomereinheiten optimal sein sollte. Von der Synthese her kann in den polymeren TTF eine geordnete Stapelstruktur der TTF-Einheiten nicht erwartet werden. Der Ladungstransport senkrecht zur Molekülachse von TTF- zu TTF-

Einheit wird deshalb nur geringe Effektivität besitzen, so daß die niedrigere Leitfähigkeit der isolierend verknüpften polymeren TTF verständlich wird. Diese Schlußfolgerungen lassen sich auch durch die Ergebnisse anderer Autoren, die polymere TTF synthetisiert und untersucht haben, stützen [98–100].

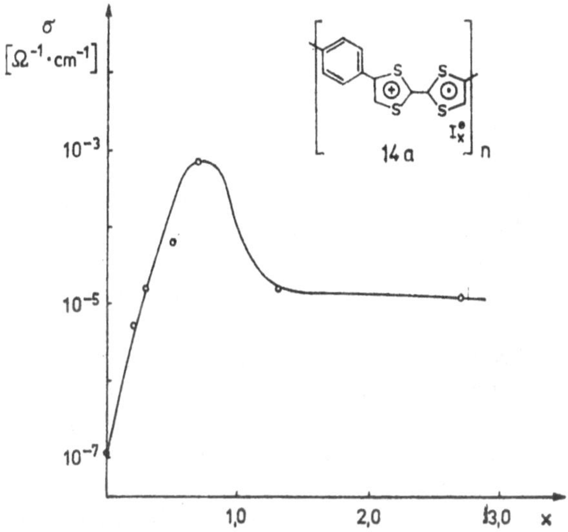


Abb. 27 Abhängigkeit der Leitfähigkeit des polymeren TTF **14a** von der Konzentration an Iod (Mol Iod bezogen auf ein Mol Monomereinheit)

Zusammenfassend kann festgestellt werden, daß durch Variation der Struktur und des Umfanges der Oxydation polymere TTF mit einem über 8 Größenordnungen variierbaren Leitfähigkeitsspektrum synthetisierbar sind. Gegenüber elektrisch besser leitenden Polymeren (s. Tab. 3) haben sie den entschiedenen Vorteil, daß sie im oxydierten Zustand weitgehend stabil sind, wodurch sich ihre Anwendungsmöglichkeiten verbessern sollten (zur Anwendung organischer Leiter vgl. Abschn. 6).

### *5.2. Darstellung und Eigenschaften polymerer Dithiolenkomplexe*

Dithiolenkomplexe **23** stehen mit TTF **1** dadurch in Beziehung, daß sie sich formal aus letzteren durch Ersatz der zentralen Doppelbindung durch Metallionen mit quadratisch planarer Komplexierungstendenz herleiten lassen [s. Gl. (20)].

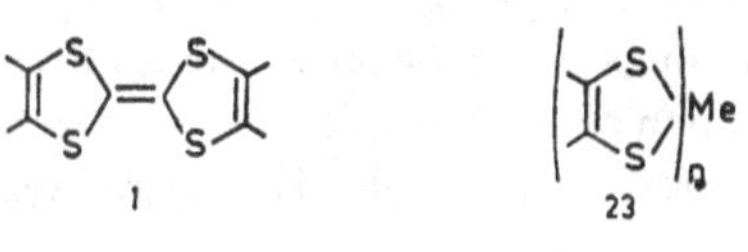

1    23    (20)

Außerdem verfügen Dithiolenkomplexe wie die TTF über ein leicht polarisierbares delokalisiertes Elektronensystem, das unter Erhalt der Planarität des Moleküls Redoxreaktionen einzugehen vermag [101–103]. Sie bilden u.a. als Donatoren mit TCNQ und als Akzeptoren mit TTF CT-Komplexe [104]. Wir vermuteten, daß die Verknüpfung von Dithiolenkomplexen zu planaren Koordinationspolymeren mit durchgehender Konjugation unter Einbeziehung der Liganden und der d-Orbitale der Metallionen zu elektrisch hochleitenden Verbindungen führt [105]. Diese Konzeption wurde gleichzeitig und unabhängig von uns von einer amerikanischen Arbeitsgruppe verfolgt [106].

Zwei zur Darstellung polymerer Dithiolenkomplexe geeignete Liganden sind das Ethylentetrathiolat und das Tetrathiafulvalentetrathiolat. Diese Liganden lassen sich über Mehrstufensynthesen aus entsprechenden Dithiolonen durch Spaltung mit Methoxid gewinnen. Durch Komplexierung mit Metallsalzen sind die gewünschten polymeren Dithiolenkomplexe **25**, **26** zugänglich (vgl. Abb. 28). In ihren Eigenschaften vom Typ **25** und **26** unterschiedliche Komplexe lassen sich durch Fotolyse des [1,3]-Dithiolo[4,5-d]-1,3-dithiol-2,5-dions zum intermediären 1,2-Dithiet und dessen Umsetzung mit Metallcarbonylen gewinnen.

Die auf diesen verschiedenen Wegen dargestellten polymeren Komplexe wurden durch ihre magnetischen und elektrischen Eigenschaften charakterisiert (s. Tab. 8). Von besonderem Interesse sind die elektrisch gut leitenden polymeren Nickelkomplexe **24c**, **25d**, **26b**, deren Eigenschaften näher beschrieben werden sollen. Es handelt sich, wie bei allen übrigen Komplexen, um tiefgefärbte, unlösliche Stoffe, die auf Grund von Debye-Scherrer-Aufnahmen amorph sind. Den Suszeptibilitäts- bzw. ESR-Messungen zufolge liegen paramagnetische Spezies vor. Der fotochemisch synthetisierte Komplex **24c** besitzt auf Grund seiner ESR-Aktivität monoanionische Struktureinheiten ebenso wie der Komplex **26b**, dem mit einem magnetischen Moment von 1,8 BM etwa ein ungepaartes Elektron pro Monomereinheit zuzuordnen ist (vgl. auch [102]). Offensichtlich tritt bei der Synthese aus dem Tetrathiolat und Nickelsalz durch Luftsauerstoff Oxydation vom dianionischen zum monoanionischen Komplex ein. Die Oxydation zum Neutralkomplex, die andere Autoren angeben, konnte aus unseren Untersuchungen nicht bestätigt werden [106a]. Auf Grund eines magnetischen Momentes von 2,33 BM verfügt **25d** über annähernd zwei ungepaarte Elektronen pro Monomereinheit und liegt damit im Unterschied zu „monomeren" Nickeldithiolenkomplexen (vgl. [102]) als dianionischer high-spin-Komplex vor. Die Komplexe **25d** und **26b** rangieren mit einer Leitfähigkeit von etwa 1 bis $0{,}1 \Omega^{-1}$ $cm^{-1}$ an der Spitze bisher bekannter Koordinationspolymerer [107–109]. Die Leitfähigkeit der Komplexe nimmt mit sinkender Temperatur ab, so daß es sich um Halbleiter mit allerdings sehr geringer Aktivierungsenergie handelt. Über einen Temperaturbereich von 100 bis 300 K wird eine exponentielle Abhängigkeit der Leitfähigkeit von der Temperatur gefunden [$\sigma = \sigma_0 \exp. (-E_A/RT)$; **24c**: $E_A = 0{,}287$ eV; **26b**: $E_A = 0{,}077$ eV; **25d**: $E_A = 0{,}045$ eV]. Die niedrige Leitfähigkeit von **24c** sowie seine höhere Aktivierungsenergie führen wir auf die Störung durch die im Komplex nachweisbaren raumerfüllenden Tetrabutylammoniumionen zurück. Wie für die konjugativ ver-

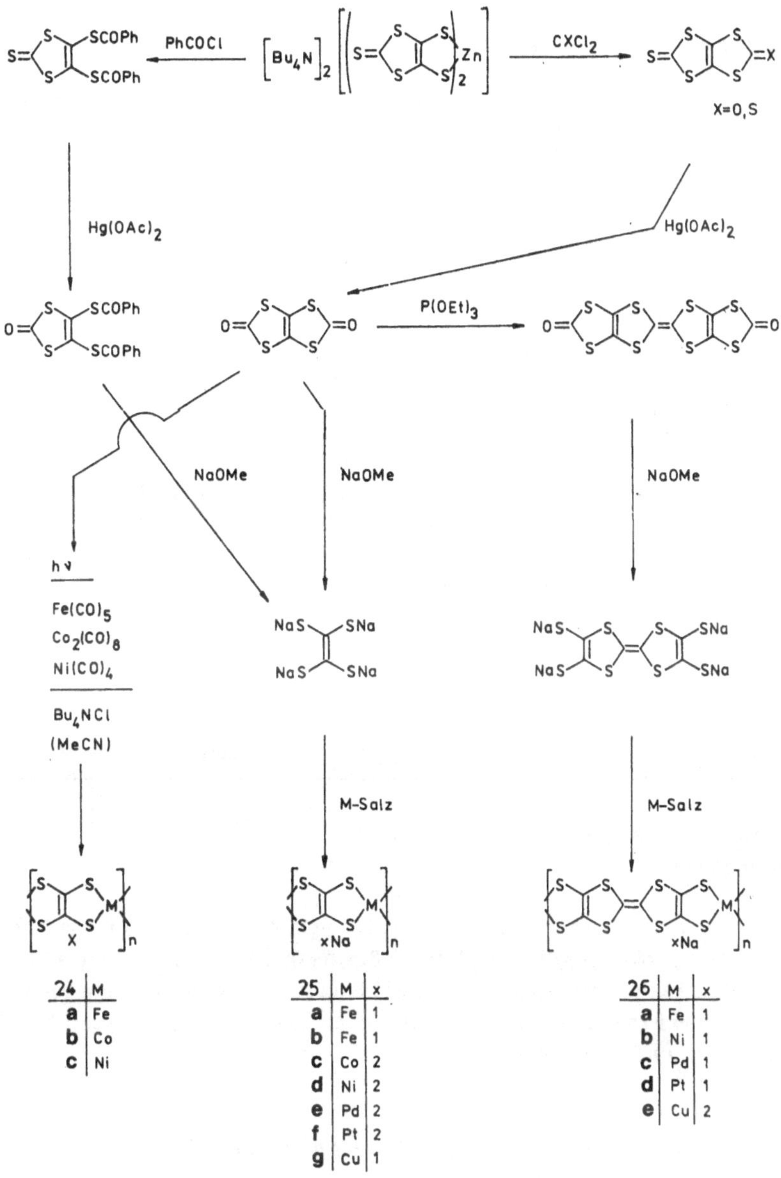


Abb. 28 Schema der Darstellung der polymeren Dithiolenkomplexe **24**, **25** und **26** mit Ethylentetrathiolat und Tetrathiafulvalentetrathiolat als Brückenliganden

Tab. 8 g-Faktoren, magnetische Momente $\mu_{eff}$ bzw. Grammsuszeptibilitäten $\chi_g$ und spezifische elektrische Leitfähigkeit $\sigma_{RT}$ der Polymeren **24**–**26** sowie Angabe von Daten einiger Vergleichsverbindungen

| Komplex | M | g-Faktor | $\mu_{eff}$/B.M. | $\sigma_{RT}/\Omega^{-1} \cdot cm^{-1}$ | $E_A$/eV |
|---|---|---|---|---|---|
| **24a** | Fe | 2,006 | 9,50^a^) | $4{,}5 \cdot 10^{-10}$ | |
| **24b** | Co | 2,013 | 5,45^a^) | $9{,}6 \cdot 10^{-11}$ | |
| **24c** | Ni | 2,007; 2,0036; 2,048; g 2,031 | 0,14^a^) | $5{,}0 \cdot 10^{-3}$ | 0,287 |
| **25a** | Fe | 1,998 | 3,59 | $8{,}0 \cdot 10^{-3}$ | |
| **25b** | Fe | 1,994 | 3,58 | $1{,}6 \cdot 10^{-4}$ | |
| **25c** | Co | 2,009 | 3,59 | $1{,}3 \cdot 10^{-5}$ | |
| **25d** | Ni | – | 2,33 | $1{,}3 \cdot 10^{-1}$ | 0,045 |
| **25e** | Pd | 2,022 | 0,74 | $1{,}1 \cdot 10^{-5}$ | |
| **25f** | Pt | 2,103 | 1,08 | $5{,}2 \cdot 10^{-3}$ | |
| **25g** | Cu | 2,091 | 0,58 | $4{,}9 \cdot 10^{-2}$ | |
| **26a** | Fe | | 3,82 | $3{,}8 \cdot 10^{-5}$ | |
| **26b** | Ni | 1,998; 2,004; 2,025; g 2,009 | 1,81 | $8{,}5 \cdot 10^{-2}$ | 0,077 |
| **26c** | Pd | 2,004 | 1,26 | $6{,}9 \cdot 10^{-3}$ | |
| **26d** | Pt | 2,004 | 1,53 | ^b^) | |
| **26e** | Cu | 2,041 | 1,60 | $2{,}7 \cdot 10^{-2}$ | |
| $(C_2H_2S_2)_2Ni$ | | 2,056 [103a] | | | |
| TTF-TCNQ | | | | 10^c^) | |
| $(SN)_x$ | | | | 20^c^) | |

^a^) $\chi_g \cdot 10^6/cm\ g^{-1}$
^b^) es konnte kein Preßling erhalten werden
^c^) Tablettenwerte [106b]

knüpften Polymeren nehmen wir auch in den Komplexen **25d** und **26b** einen effektiven Ladungsträgertransport in den planaren Polymerketten an. Der höhere Absolutwert der Leitfähigkeit in den Metallkomplexen könnte auf einen wirksameren Ladungsträgertransport senkrecht zur Molekülachse durch intermolekulare Ligand/Metall-Wechselwirkung zurückzuführen sein (vgl. auch [110]).

### *5.3. Versuche zur Synthese des Poly-[1,2-dithiolo-(1,2)-dithiol-bis-ylidens], eines potentiellen Elektronenleiters*

Faßt man die wesentlichen Aussagen hinsichtlich der Struktur-Eigenschaftsbeziehungen zusammen, die an den bisher untersuchten polymeren Verbindungen erhalten wurden, so erweisen sich ungestörte Konjugation in der Kette, leicht polarisierbare Atome wie Schwefel als Bestandteil der Monomereinheiten, bandartige zweidimensionale Struktur der Polymeren wie in den polymeren Dithiolenkomplexen und eine ausgeprägte intermolekulare Wechselwirkung zwischen den Polymerketten als günstige strukturelle Voraussetzungen für eine hohe elektrische Leitfähigkeit. Diese Eigenschaften sollte das bisher nicht beschriebene polymere [1,2]-Dithiolo-(1,2)-dithiol-bis-yliden **27**, das gleichzeitig als polymeres Kohlenmonosulfid aufzufassen ist, in sich vereinigen (vgl. Abb. 29). Es besteht bei anzunehmender planarer Struktur

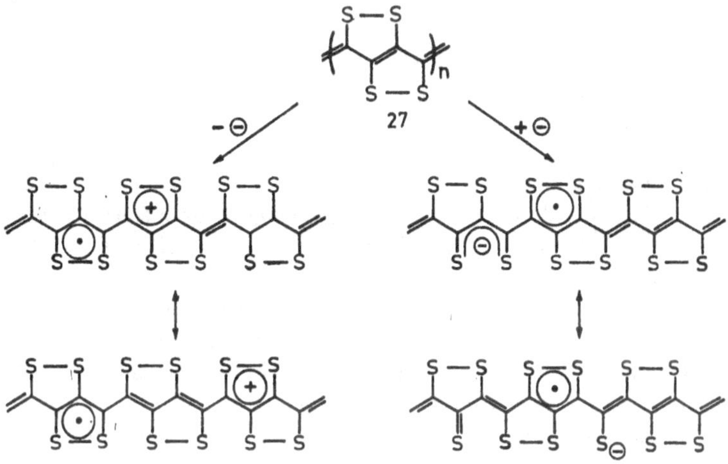

Abb. 29 Struktur und Redoxverhalten des Polykohlenmonosulfids **27** (Poly-[3H,6H-1,2-dithiolo [4,3-c] (1,2)-dithiol-3,6-bisyliden]

aus einer konjugierten Kohlenstoffkette als „Rückgrad", an die leichtpolarisierbare Schwefelatome angeknüpft sind, die ihrerseits über ihre p,d-Orbitale miteinander in Wechselwirkung treten und bei Dotierung Ladung intra- und auch intermolekular zu delokalisieren vermögen. Auch theoretische Abschätzungen weisen diese Polymere als potentielle Elektronenleiter aus [111]. Zur Darstellung dieses Polymeren zogen wir zwei Wege in Betracht: einerseits die chemische Modifizierung eines Perorganylthio-polyacetylens **28** und zum anderen die Di-, Tetra- bzw. Polymerisierung von [1,2]Dithiolo-(1,2)-dithiol-Derivaten (zur Darstellung von 1,1',2,2'-Tetrathiafulvalenen vgl. [112], s. Gl. [21]). In Verfolgung des ersten Weges gelang es uns erstmalig,

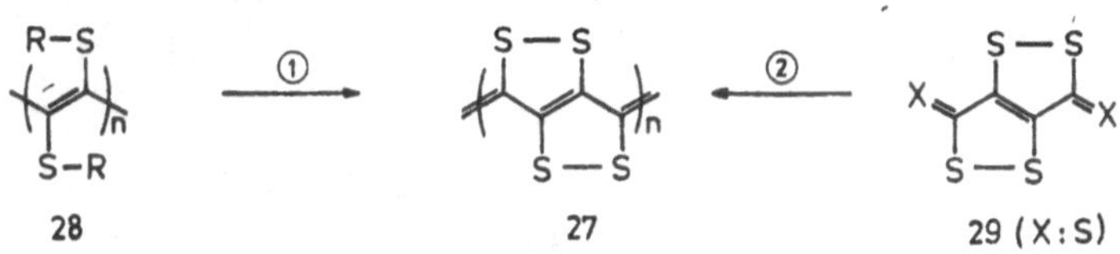

(21)

1,2-Bis-dialkylthioacetylene mit Nickel-Triphenylphosphin-Halogenid-Komplexen zu Peralkylthio-polyacetylenen **28** zu polymerisieren ([113]; Gl. [22]). In den Polymeren sind 25 bis 50 Monomereinheiten verknüpft. Sie sind bezüglich ihrer Leitfähigkeitseigenschaften Isolatoren ($\sigma < 10^{-16}\ \Omega^{-1}\ cm^{-1}$). Durch Dotierung mit Brom bzw.

Antimonpentachlorid gehen sie in Halbleiter über ($\sigma \approx 10^{-9}\ \Omega^{-1}\ cm^{-1}$). Die geringe Leitfähigkeit führen wir auf die aus sterischen Gründen bedingte Verdrillung der C–C-Kette zurück (s. Gl. [22]), so daß auch durch Oxydation keine durchgehende Konju-

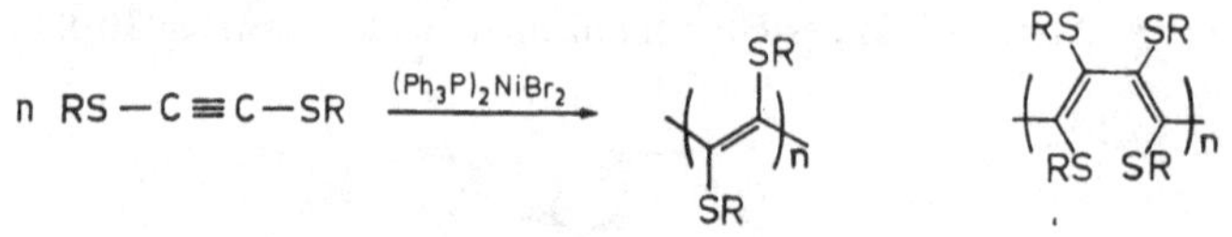

(22)

28

R: Me, Et, Bz
n: 20 bis 50

gation und Ladungsdelokalisierung über größere Kettenbereiche erreicht werden kann. Die bisher durchgeführten Untersuchungen zur chemischen Modifizierung der Polymeren in Richtung auf das Zielprodukt **27** sind noch nicht abgeschlossen, so daß kein endgültiges Urteil über die Realisierbarkeit dieses Weges gefällt werden kann.

Zur Überprüfung des zweiten Weges wurde von uns erstmalig das 3H,6H-[1,2] Dithiolo[4,3-c](1,2)dithiol-3,6-dithion **29** als neuartiger heterocyclischer Grundkörper durch Schwefelung von 2,3-Di-tert-butylthio-fumarsäuredialkylester mit Phosphor(V)-sulfid gewonnen [114]; (vgl. Abb. 30). Diese Verbindung läßt sich gezielt zum Monothion bzw. Di-on entschwefeln. Weiterhin gelang es, die Thione zu alkylieren, so daß insgesamt günstige Voraussetzungen für eine Dimerisierung dieser Zwischenprodukte und damit für die weitere Verfolgung der zweiten Synthesestrategie gegeben sind.

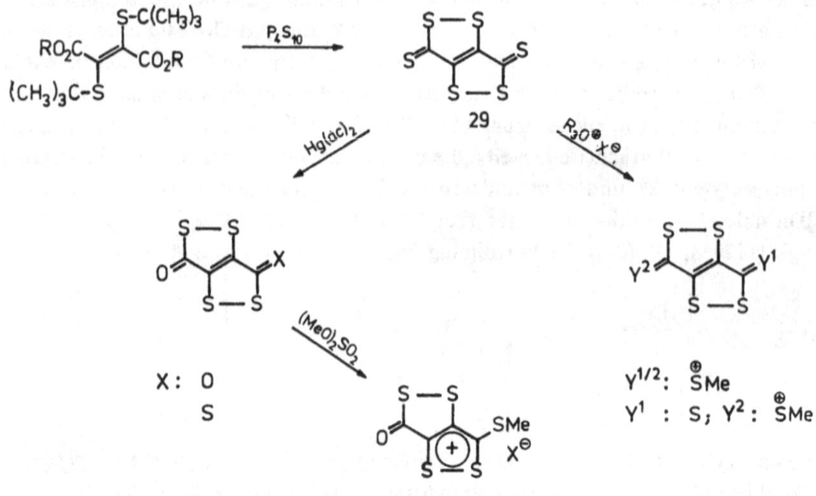

Abb. 30 Darstellung und chemische Modifizierung (Alkylierung und Thion-On-Transformation) des 3H,6H-1,2-Dithiolo [4,3-c] (1,2)-dithiol-3,6-dithions **29**

## 6. Anwendung elektronenleitender organischer Verbindungen

Abschließend soll ein kurzer zusammenfassender Überblick zu Anwendungen von organischen Verbindungen mit metallischer Leitfähigkeit und Halbleitercharakteristik gegeben werden. Die hochleitenden organischen Verbindungen treten in Zukunft sicher nicht als Konkurrent für die klassischen Metalle als Leiterwerkstoff auf und werden sie erst recht nicht ersetzen. Auf Grund ihrer besonderen Merkmale, sie vereinigen Eigenschaften der Metalle (z. B. elektrische Leitfähigkeit, Farbe) mit denen organischer Stoffe (z. B. niedrige Dichte), eröffnen sich für die polymeren Elektronenleiter neue Anwendungsmöglichkeiten [115–117]. Allerdings müssen hinsichtlich Stabilität der leitfähigen Materialien gegenüber Umwelteinflüssen (Wasser, Sauerstoff) noch erhebliche Probleme gelöst werden. Es gibt jedoch schon eine Reihe von Einsatzmöglichkeiten, wobei die wichtigsten aufgeführt werden. Schon längere Zeit werden leitfähige Polymere als Fotoleiter in der Elektrofotografie kommerziell eingesetzt [53]. Hier haben sich eine Reihe von Systemen bewährt, wie z. B. der Charge-Transfer-Komplex aus Poly(N-vinylcarbazol) und 2,4,7-Trinitrofluoren-9-on. Durch Farbstoffzusatz läßt sich die Empfindlichkeit dieses Charge-Transfer-Komplexes noch über dessen Eigenabsorptionsbereich hinaus langwellig verschieben [118]. Verwendung findet auch ein Material, das Pyrazolin-Derivate oder Hydrazone, die in eine Polycarbonat-Matrix eingebaut sind, enthält [119] oder ein drei-Komponenten-zwei-Phasen-System aus einem Triphenylmethan-Derivat, einem Thiapyrylium-Farbstoff und Polycarbonat [120]. Neuerdings werden auch Materialien auf der Basis von Poly(arylenvinylen) eingesetzt, die durch Malachitgrün sensibilisierbar sind [121].

Im großen Umfang (225 t/a) werden Kohlenstoff-Fasern durch Pyrolyse von Polymeren, insbesondere Polyacrylnitril, hergestellt, die auf Grund ihrer graphitähnlichen Struktur eine hohe elektrische Leitfähigkeit besitzen. Allerdings findet nur etwa 25% der hergestellten Menge Anwendung als Leitermaterial [122].

Polymere mit niedriger Leitfähigkeit (z. B. Polycarbonat, Nylon) werden durch Füllung mit leitfähigen Teilchen (Metalle, Aktivkohle) leitend gemacht und als Komposite zur elektromagnetischen Abschirmung, als Antistatika und als Videoaufzeichnungsmaterial verwendet [123; 124].

Wir fanden, daß auf Grund ihrer reversiblen Redoxeigenschaften polymere TTF-Komplexe als Katalysatoren in Elektroden für Brennstoffzellen [125] eingesetzt werden können (vgl. Abb. 31).

Zusatz der Polymeren **14** oder **15** zu einer Elektrode aus Aktivkohle vermindert die Hemmung der Sauerstoffreduktion, was bei gegebenem Potential zu einer höheren Stromdichte der Zelle führt.

Die polymeren TTF **14–18** sind gleichfalls als membranaktive Substanzen in ionensensitiven Elektroden geeignet, wobei sie insbesondere als iodidsensitive Elektrode über einen weiten Konzentrationsbereich mit geringer Potentialeinstellzeit und geringer Empfindlichkeit gegenüber Chlorid und Bromid bisher bekannte Lösungen übertreffen [126]; (vgl. Abb. 32).

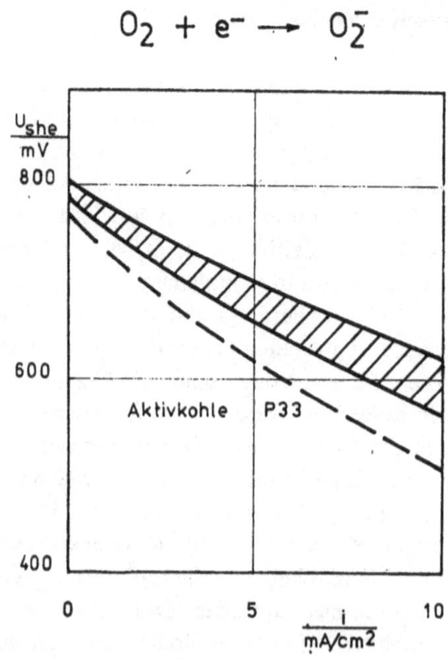


Abb. 31 Stromdichte-Potentialkurven von Einschichtdiffusionselektroden zur Sauerstoffreduktion in schwefelsauren Elektrolyten (– – –: Aktivkohle(P 33)-Elektrode; Schraffur: Aktivkohle(P 33)/TTF-Polymer-(**14**a bzw. **15**a))

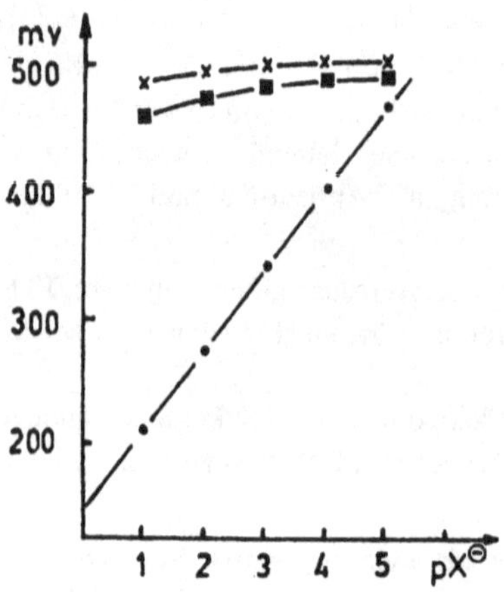


Abb. 32 Konzentrations-Potentialkurven für Iodid (–·–·–), Bromid (–■–■–) und Chlorid (– × – × –), ermittelt gegen GKE mit einer iodisensitiven Elektrode auf Basis polymerer TTF vom Typ **14**a, **15**a

Intensiv wird die Eignung der Polymere als Speichermaterial in Batterien untersucht, wo sie ihr günstiges Gewicht-Leistungs-Verhältnis interessant macht. Als Elektroden werden hierbei das oxydierte und reduzierte Polymer bzw. das oxydierte Polymer und Lithium verwendet. Beim Polyacetylen wurden Spannungen bis zu 3,7 V und Stromdichten bis zu 12 mA · $cm^{-2}$ [127–129], beim Poly(p-phenylen) bis zu 4,4 V bzw. bis zu 40 mA · $cm^{-2}$ [130] und beim Polythiophen bis zu 3,1 V erreicht, wobei hier die Energiedichte bei 63 Wh · $kg^{-1}$ lag [131]. Praktische Anwendung finden schon Batterien, deren Katode aus einem Poly(2-vinyl-pyridin)-Iod-Komplex und Anode aus Lithium besteht, in implantierbaren Herzschrittmachern. Der Komplex dient hierbei als Iodquelle für die Zellreaktion

$$2\,Li + I_2 \rightarrow 2\,LiI \tag{23}$$

und als elektronischer Leiter für den Stromtransport. Eine derartige 80 g Batterie liefert eine Spannung von 2,8 V, besitzt eine Kapazität von 4 Ah, eine Energiedichte von 120 Wh · $kg^{-1}$ (Blei-Akku 30 Wh · $kg^{-1}$) und eine Lebensdauer von 10 Jahren [132]. Im kleineren Format benutzt man sie auch als Spannungsquelle für elektronische Uhren [133]. Polyacetylenfilme absorbieren über einen weiten Bereich des Spektrums des sichtbaren Lichtes und liefern bei Bestrahlung einen Fotostrom. Die bisher erzielten Maximalwerte liegen bei einer Spannung von 420 mV bzw. einer Stromdichte von 5,5 $\mu$A · $cm^{-2}$ und wurden bei einer Wellenlänge von 620 nm gemessen. Allerdings ist der Wirkungsgrad derartiger Solarzellen noch gering und beträgt etwa 1 % [54; 134–136]. Die oxydierten Polymere mit ihrer hohen elektrischen Leitfähigkeit setzt man Kunststoffen zu und verleiht ihnen die erforderlichen antistatischen Eigenschaften. Sie finden daher Anwendung als Antistatika zur Verhinderung der Oberflächenaufladung von Plastmaterialien [137]. In ähnlicher Weise lassen sich unter Verwendung geringer Konzentrationen (0,5–1 Masseprozent) von leitfähigen CT-Komplexen elektrisch leitende polymere Festkörper und Oberflächenfilme herstellen, die den Komplex in feinster netzartiger Verteilung enthalten [143]. Ein Polystyren-Derivat mit angeknüpften TTF-Einheiten benutzt man in der Druckindustrie als negativ arbeitendes Fotoresist. Durch Bestrahlung des Polymers in Gegenwart von Tetrabrommethan wird das wenig polare Polymer in ein polareres umgewandelt, das sich nicht mehr in Lösungsmitteln geringer Polarität (Ether,

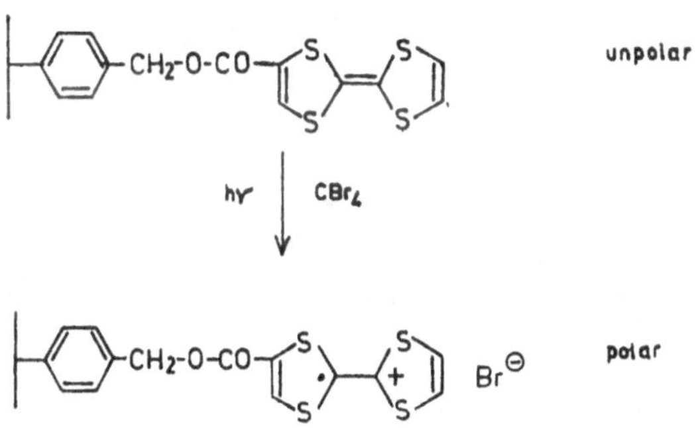


(24)

Ketone) löst. Es hat gegenüber anderen Materialien den Vorteil, daß die nicht löslichen Bereiche durch die Behandlung mit Lösungsmitteln nicht oder nur wenig quellen und damit das Auflösungsvermögen verbessert wird [138].

Setzt man den Charge-transfer-Komplex TTF-Halogenkohlenwasserstoff auf einem Substrat (z.B. Glas, Papier) einer UV-Bestrahlung aus, so liefert das entstehende TTF-Radikalkation ein farbiges und leitfähiges Bild [139]. Ähnliche Ergebnisse erhält man bei der Verwendung von Tetrathiatetracen oder Tetraselenatetracen anstelle von TTF [140]. Das leitfähige Bild kann nach anschließender elektrolytischer Abscheidung von Metall aus Metallsalzlösung z.B. als gedruckte Schaltung verwendet werden. Während der Metallabscheidung löst sich die organische Schicht auf und es resultiert eine hohe Haftfestigkeit des Metallbildes auf dem Substrat [141]. TTF-Halogenide lassen sich als Elektronenstrahl-Resist einsetzen. Durch Bestrahlung des Halogenids erfolgt Elektronenrückübertragung vom Halogenid zum TTF-Radikalkation, wobei Halogen und TTF entstehen. Die Reaktionsprodukte können verdampft (Positiv-Resist) oder das unveränderte TTF-Halogenid mit Methanol herausgelöst werden (Negativ-Resist). Da die unbestrahlten Flächen leitend sind, kommt es nicht zum Ladungsaufbau und damit zu keinem Verlust an Auflösung [142].

Hinzuweisen ist abschließend auf die vielfältigen Anwendungsmöglichkeiten von organischen Leitern in der wissenschaftlichen Arbeit selbst [116], so daß insgesamt den elektrisch leitenden organischen Festkörpern eine wachsende Bedeutung auf Spezialgebieten vorausgesagt werden kann.

## Literatur


[1] W. A. LITTLE, Phys. Rev. A **134**, 1416 (1964).
[2] J. FERRARIS, D. O. COWAN, V. WALATKA, J. H. PERLSTEIN, J. Am. Chem. Soc. **95**, 948 (1973).
[3] Z. G. SOOS, Ann. Rev. Phys. Chem. **25**, 121 (1974).
[4] A. F. GARITO, A. J. HEEGER, Accounts Chem. Res. **7**, 232 (1974).
[5] J. H. PERLSTEIN, Angew. Chem. **89**, 534 (1977).
[6] J. B. TORRANCE, Accounts Chem. Res. **12**, 79 (1979).
[7] C. HAMANN, J. HEIM, H. BURGHARDT, Organische Leiter, Halbleiter, Photoleiter, Berlin 1980.
[8] K. BECHGAARD, D. JEROME, Scient. Am. **247**, 52 (1982).
[9] F. WUDL, Accounts Chem. Res. **17**, 227 (1984).
[10] J. S. MILLER, A. J. EPSTEIN, Synthesis and Properties of Low Dimensional Solids, Ann. N. Y. Acad. Sci. **313** (1978).
[11] W. E. HATFIELD, Molecular Metals, Plenum Press, New York 1979.
[12] L. ALCACER, The Physics and Chemistry of Low Dimensional Solids, Dordrecht 1980.
[13] International Conference on Low Dimensional Synthetic Metals, Chem. Scripta **17** (1981).
[14] International Conference on Low Dimensional Conductors, Mol. Cryst. Liq. Cryst. **77**–**86** (1981–82, 117–119/1985).
[15] J. S. MILLER, in: [10], S. 25.
[16] S. K. KHANNA, J. P. POUGET, R. COMES, A. F. GARITO, A. J. HEEGER, Phys. Rev. B **16**, 1468 (1977).
[17] T. J. EMGE, F. M. WIYGUL, D. O. Cowan, T. J. KISTENMACHER, A. N. Bloch, J. P. FERRARIS, J. S. CHAPPEL, Mol. Cryst. Liq. Cryst. **87**, 137 (1982).
[18] J. J. MAYERLE, J. B. TORRANCE, J. I. CROWLEY, Acta Cryst. B **35**, 2988 (1979).
[19] J. B. TORRANCE, J. J. MAYERLE, V. Y. LEE, K. BECHGAARD, J. Am. Chem. Soc. **101**, 4747 (1979).
[20] G. SCHUKAT, E. FANGHÄNEL, J. prakt. Chem. **321**, 675 (1979).
[21] R. M. WILLIAMS, S. C. WALLWORK, Acta Cryst. B **24**, 168 (1968).
[22] L. R. MELBY, R. J. HARDER, W. R. HERTLER, W. MAHLER, R. E. BENSON, W. E. MOCHEL, J. Am. Chem. Soc. **84**, 3374 (1962).
[23] C. K. PROUT, I. J. TICKLE, J. D. WRIGHT, J. Chem. Soc., Perkin II **1973**, 528.
[24] T. J. EMGE, F. M. WIYGUL, J. P. FERRARIS, T. J. KISTENMACHER, Mol. Cryst. Liq. Cryst. **78**, 295 (1981).
[25] G. SAITO, J. P. FERRARIS, J. Chem. Soc., Chem. Commun. **1979**, 1027.
[26] A. W. HANSON, Acta Cryst. B **19**, 610 (1965).
[27] R. SOMOANO, V. HADEK, S. P. S. YEN, A. REMBAUM, R. Deck, J. Chem. Phys. **62**, 1061 (1975).
[28] F. M. WIYGUL, T. J. EMGE, T. J. KISTENMACHER, Mol. Cryst. Liq. Cryst **90**, 163 (1982).
[29] R. C. WHELAND, J. L. GILLSON, J. Am. Chem. Soc. **98**, 3916 (1976).
[30] B. A. SCOTT, S. J. La PLACA, J. B. TORRANCE, B. WELBER, B. D. SILVERMAN, in: [10], S. 369.

[31] M. Kono, Y. Saito, Acta Cryst. B **30**, 1294 (1974).
[32] N. Sakai, I. Shirotani, S. Minomura, Bull. Chem. Soc. Jpn. **45**, 3314 (1972).
[33] A. Weller, Pure Appl. Chem. **16**, 115 (1968).
[34] G. Schukat, Dissertation B, TH Merseburg 1984.
[35] K. Bechgaard, in: [14] **79**, 1 (1982).
[36] B. D. Silverman, J. Chem. Phys. **70**, 1614 (1979), **71** 3592 (1979), **72**, 5501 (1980).
[37] S. Etemad, E. M. Engler, T. D. Schultz, T. Penney, B. A. Scott, Phys. Rev. B **17**, 513 (1978).
[38] H. Sixl, Ber. Bunsenges. Phys. Chem. **83**, 399 (1979).
[39] J. R. Andersen, Mol. Cryst. Liq. Cryst. **52**, 241 (1979).
[40] T. J. Kistenmacher, in: [10], S. 333.
[41] J. J. Andre, Lecture Notes in Physics **113**, 35 (1980).
[42] a) M. R. Maxfield, D. O. Cowan, A. N. Bloch, T. O. Poehler, Nouv. J. Chim. **3**, 647 (1979).
b) D. J. Sandman, A. J. Epstein, T. J. Holmes, A. P. Fischer, J. Chem. Soc., Chem. Commun. **1977**, 177.
[43] B. Hilti, C. W. Mayer, Helv. Chim. Acta **61**, 501 (1978).
[44] B. Hilti, C. W. Mayer, G. Rihs, Helv. Chim. Acta **61**, 1462 (1978).
[45] F. Wudl, D. E. Schafer, B. Miller, J. Am. Chem. Soc. **98**, 252 (1976).
[46] C. Coulon, P. Delhaes, S. Flandrois, R. Lagnier, E. Bonjuor, J. M. Fabre, J. Physique **43**, 1059 (1982).
[47] S. S. P. Parkin, M. Ribault, D. Jerome, K. Bechgaard, J. Phys. C **14**, 5305 (1981).
[48] F. Wudl, E. Aharon-Shalom, J. Am. Chem. Soc. **104**, 1154 (1982).
[49] B. Mogensen, R. H. Friend, D. Jerome, K. Bechgaard, K. Carneiro, Solid St. Commun. **26**, 919 (1978).
[50] a) S. S. P. Parkin, E. M. Engler, R. R. Shumaker, R. Lagier, V. Y. Lee, J. C. Scott, R. L. Greene, Phys. Rev. Lett. **50**, 270 (1983).
b) E. B. Yagubskii, I. F. Shchegolev, V. N. Laukhin, P. A. Kononovich, M. V. Kartzovnik, A. V. Zvarikina, L. J. Burarov, Pis'ma Zh. Eksp. Teor. Fiz. **39**, 12 (1984). J. M. Williams, T. J. Emge, H. H. Wang, M. A. Beno, P. T. Copps, L. N. Hall, K. D. Carlson, G. W. Crabtree, Inorg. Chem. **23**, 2558 (1984).
c) H. H. Wang, M. A. Beno, U. Geiser, M. A. Firestone, K. S. Webb, L. Nunez. G. W. Crabtree, K. D. Carlson, J. M. Williams, L. J. Azevedo, J. F. Kwak, J. E. Schirber, Inorg. Chem. **24**, 2465 (1985).
[51] K. Bechgaard, K. Carneiro, F. B. Rasmussen, M. Olsen, G. Rindorf, C. S. Jacobsen, H. J. Pedersen, J. C. Scott, J. Am. Chem. Soc. **103**, 2440 (1981).
[52] J. R. Andersen, E. M. Engler, K. Bechgaard, in: [10], S. 293.
[53] J. W. Weigl, Angew. Chem. **89**, 386 (1977).
[54] L. W. Shacklette, R. R. Chance, D. M. Ivory, G. G. Miller, R. H. Baughman, Synth. Metals **1**, 307 (1980).
[55] H. Eckhardt, R. H. Baughman, J. L. Bredas, R. R. Chance, R. L. Eisenbaumer, L. W. Shacklette, Mat. Sci. **7**, 121 (1981).
[56] R. H. Baughman, J. L. Bredas, R. R. Chance, H. Eckhardt, R. L. Elsenbaumer, D. M. Ivory, G. G. Miller, A. F. Preiziosi, L. W. Shacklette, in: R. B. Seymour: Conductive Polymers, Plenum Publishing Co., New York 1981.
[57] R. R. Chance, L. W. Shacklette, G. G. Miller, D. M. Ivory, J. M. Sowa, R. L. Elsenbaumer, R. H. Baughman, J. Chem. Soc., Chem. Commun. **1980**, 348.

[58] L. W. Shacklette, R. L. Elsenbaumer, R. R. Chance, H. Eckhardt, J. E. Frommer, R. H. Baughman, J. Chem. Phys. **75**, 1919 (1981).
[59] T. C. Clarke, K. K. Kanazawa, V. Y. Lee, J. F. Rabolt, J. R. Reynolds, G. B. Street, J. Polym. Sci., Polym. Phys. **20**, 117 (1982).
[60] R. L. Elsenbaumer, L. W. Shacklette, J. Polym. Sci., Polym. Phys. **20**, 1781 (1982).
[61] D. J. Sandman, M. Rubner, L. Samuelson, J. Chem. Soc., Chem. Commun. **1982**, 1133.
[62] a) G. Kossmehl, Ber. Bunsenges. Phys. Chem. **83**, 417 (1979).
b) H. H. Hörhold, Z. Chem. **12**, 41 (1972). H. H. Hörhold, J. Opfermann, Makrom. Chem. **131**, 105 (1970). H. H. Hörhold, J. Opfermann, J. prakt. Chem. **316**, 750 (1974).
[63] G. E. Wnek, J. C. W. Chien, F. E. Karasz, C. P. Lillya, Polymer **20**, 1441 (1979).
[64] K. K. Kanazawa, A. F. Diaz, W. D. Gill, P. M. Grant, G. B. Street, G. B. Gardini, J. F. Kwak, Synth. Metals **1**, 329 (1980).
[65] A. F. Diaz, J. I. Castillo, J. A. Logan, W. Lee, J. Electroanal. Chem. **129**, 115 (1981).
[66] G. Kossmehl, G. Chatzitheodorou, Makrom. Chem., Rapid Commun. **2**, 551 (1981).
[67] K. Kaneto, K. Yoshino, Y. Inuishi, Jpn. J. Appl. Phys. 2 **21**, 567 (1982).
[68] K. Kaneto, Y. Kohno, K. Yoshino, Y. Inuishi, J. Chem. Soc., Chem. Commun. **1983**, 382.
[69] H. Naarmann, Ber. Bunsenges. Phys. Chem. **83**, 427 (1979).
[70] C. K. Chiang, A. J. Heeger, A. G. Mac Diarmid, Ber. Bunsenges. Phys. Chem. **83**, 407 (1979).
[71] G. Wegner, Angew. Chem. **93**, 352 (1981).
[72] M. M. Labes, P. Love, L. F. Nichols, Chem. Rev. **79**, 1 (1979).
[73] M. Narita, C. U. Pittman, Synthesis **1976**, 489.
[74] E. Fanghänel, J. prakt. Chem. **317**, 123 (1975).
[75] E. Fanghänel, Z. Chem. **7**, 58 (1967).
[76] E. Fanghänel, L. Van Hinh, G. Schukat, Z. Chem. **16**, 317 (1976).
[77] E. Fanghänel, H. Poleschner, Z. Chem. **19**, 193 (1979).
[78] Y. Ueno, A. Nakayama, M. Okawara, J. Am. Chem. Soc. **98**, 7440 (1976).
[79] E. J. Corey, F. A. Carey, R. A. E. Winter, J. Am. Chem. Soc. **87**, 934 (1965).
[80] E. Fanghänel, A. M. Richter, G. Schukat, J. prakt. Chem. **326**, 479 (1984).
[81] E. Fanghänel, G. Schukat, J. Schützendübel, Z. Chem. **21**, 447 (1981).
[82] S. Hünig, G. Kiesslich, H. Quast, D. Scheutzow, Liebigs Ann. Chem. **1973**, 310.
[83] D. L. Coffen, J. Q. Chambers, D. R. Williams, P. E. Garett, N. D. Canfield, J. Am. Chem. Soc. **93**, 2258 (1971).
[84] A. Mas, J. M. Fabre, E. Torreilles, L. Giral, G. Brun, Tetrahedron Lett. **1977**, 2579.
[85] E. M. Engler, F. B. Kaufman, D. C. Green, C. E. Klots, R. N. Compton, J. Am. Chem. Soc. **97**, 2921 (1975).
[86] G. Schukat, E. Fanghänel, J. prakt. Chem. **324**, 1011 (1982).
[87] G. Briegleb, J. Czekalla, Ber. Bunsenges. Phys. Chem. **63**, 6 (1959).
[88] P. Job, Ann. Chim. Phys. **9**, 113 (1928).
[89] H. A. Benesi, J. H. Hildebrandt, J. Am. Chem. Soc. **71**, 2703 (1949).
[90] P. D. Chasseau, J. Gaultier, J. M. Fabre, L. Giral, Acta Cryst. B **38**, 1632 (1982).
[91] R. L. Greene, J. J. Mayerle, R. Shumaker, G. Castro, P. M. Chaikin, S. Etemad, S. J. La Placa, Solid St. Commun. **20**, 943 (1976).

[92] G. SCHUKAT, E. FANGHÄNEL, A. CHYLA, J. prakt. Chem. **324**, 422 (1982).
[93] J. S. CHAPPEL, A. N. BLOCH, W. A. BRYDEN, M. MAXFIELD, D. O. COWAN, J. Am. Chem. Soc. **103**, 2442 (1981).
[94] E. FANGHÄNEL, G. SCHUKAT, J. SCHÜTZENDÜBEL, W. HUMSCH, J. prakt. Chem. **325**, 976 (1983).
[95] G. SCHUKAT, L. VAN HINH, E. FANGHÄNEL, L. LIBERA, J. prakt. Chem. **320**, 404 (1978), **321**, 479 (1979).
[96] L. VAN HINH, G. SCHUKAT, E. FANGHÄNEL, J. prakt. Chem. **321**, 299 (1979).
[97] L. VAN HINH, G. SCHUKAT, E. FANGHÄNEL, J. prakt. Chem. **323**, 327 (1981).
[98] W. R. HERTLER, J. Org. Chem. **41**, 1412 (1976).
[99] M. L. KAPLAN, R. C. HADDON, F. WUDL, E. D. FEIT, J. Org. Chem. **43**, 4642 (1978).
[100] G. KOSSMEHL, M. ROHDE, Makromol. Chem. **183**, 2077 (1982).
[101] R. P. BURNS, C. A. MC AULIFFE, Adv. Inorg. Chem. Radiochem. **22**, 303 (1979).
[102] E. HOYER, W. DIETZSCH, W. SCHROTH, Z. Chem. **11**, 41 (1971).
[103] a) J. A. MC CLEVERTY, Progr. Inorg. Chem. **10**, 49 (1968).
b) N. G. SCHRAUZER, Accounts Chem. Res. **2**, 72 (1969).
[104] a) L. V. INTERRANTE, K. W. BROWALL, H. R. HART, I. S. JACOBS, G. D. WATKINS, S. H. WEE, J. Am. Chem. Soc. **97**, 889, 890 (1975).
b) J. RIBAS, P. CASSOUX, C. R. Acad. Sci., Ser. B **293**, 665 (1981).
c) F. KUBEL, L. VALADE, J. STRÄHLE, P. CASSOUX, C. R. Acad. Sci., Ser. B **295**, 179 (1982).
d) F. KUBEL, J. STRÄHLE, P. CASSOUX, J. Phys. **44**, 1265 (1983).
e) M. BOUSSEAU, L. VALADE, M. F. BRUNIQUEL, P. CASSOUX, M. GARBAUSKAS, L. INTERRANTE, J. KASPER, Nouv. J. Chim. **8**, 3 (1984).
f) L. VALADE, M. BOUSSEAU, A. GLEIZES, P. CASSOUX, J. Chem. Soc., Chem. Commun. **1983**, 110.
g) G. C. PAPAVASSILIOU, Z. Naturforsch. **36b**, 1200 (1981); **37b**, 291 (1982).
[105] H. POLESCHNER, W. JOHN, F. HOPPE, E. FANGHÄNEL, S. ROTH, J. prakt. Chem. **325**, 957 (1983).
[106] a) N. M. RIVERA, E. M. ENGLER, R. R. SCHUMAKER, J. Chem. Soc., Chem. Commun. **1979**, 184.
b) C. K. CHIANG, M. A. DRUY, S. C. GAU, A. J. HEEGER, E. J. LOUIS, A. G. MAC DIARMID, Y. W. PARK, H. SHIRAKAWA, J. Am. Chem. Soc. **100**, 1013 (1978).
[107] J. S. MILLER, A. J. EPSTEIN, Progr. Inorg. Chem. **20**, 1 (1976).
[108] E. P. GOODINGS, Chem. Soc. Rev. **5**, 95 (1976).
[109] M. HANACK, G. PAWLOWSKI, Naturwissenschaften **69**, 266 (1982).
[110] H. POLESCHNER, E. FANGHÄNEL, H. MEHNER, J. prakt. Chem. **323**, 919 (1981).
[111] H. HARTMANN, I. GUTMAN, J. prakt. Chem. **325**, 534 (1983).
[112] H. BEHRINGER, E. MEINETSBERGER, Liebigs Ann. Chem. **1981**, 1928.
[113] A. M. RICHTER, J. RICHTER, E. FANGHÄNEL, DDR-Pat. 211 118.
[114] A. M. RICHTER, E. FANGHÄNEL, Tetrahedron Lett. **1983**, 3577.
[115] E. M. ENGLER, W. B. FOX, L. V. INTERRANTE, J. S. MILLER, F. WUDL, S. YOSHIMURA, A. J. HEEGER, R. H. BAUGHMAN, in: [11], S. 541.
[116] S. FLANDROIS, L. ALCACER, in: [12], S. 403.
[117] C. B. DUKE, H. W. GIBSON, in: Kirk-Othmer: Encyclopedia of Chemical Technology, Vol. 18, 3. Aufl., John Wiley & Sons 1982, S. 755.
[118] R. F. WOLTER, J. Appl. Photogr. Eng. **4**, 151 (1978).

[119] E. S. BALTAZZI, J. Appl. Photogr. Eng. **6**, 147 (1980).
[120] P. M. BORSENBERGER, A. CHOWDRY, D. C. HOESTEREY, W. MEY, J. Appl. Phys. **49**, 5555 (1978).
[121] H. H. HÖRHOLD, J. OPFERMANN, H. J. PALME, D. RAABE, W. SELIGER, R. DRIESCHNER, DDR-Pat. 146 112 (1979).
[122] R. B. SEYMOUR, Additives for Plastics, Vol. 2, S. 1, Academic Press Inc., New York 1978.
[123] L. FOX, RCA Rev. **39**, 116 (1978).
[124] D. E. DAVENPORT, Org. Coat. Plast. Chem. **43**, 740 (1980).
[125] E. FANGHÄNEL, G. SCHUKAT, K. WIESENER, A. FUHRMANN, DDR-Pat. 148 846 (1980), J. Power Sources **6**, 193 (1981).
[126] R. GEYER, D. C. TRUONG, K. NEBEL, E. FANGHÄNEL, G. SCHUKAT, DDR-Pat. 150 113 (1980).
[127] D. MAC INNES, M. A. DRUY, P. J. NIGREY, D. P. NAIRUS, A. G. MAC DIARMID, A. J. HEEGER, J. Chem. Soc., Chem. Commun. **1981**, 317.
[128] A. G. MAC DIARMID, A. J. HEEGER, P. J. NIGREY, Eur. Pat. 36 118 (1981).
[129] C. K. CHIANG, Polymer **22**, 1454 (1981).
[130] L. W. SHACKLETTE, R. L. ELSENBAUMER, R. R. CHANCE, J. M. SOWA, D. M. IVORY, G. G. MILLER, R. H. BAUGHMAN, J. Chem. Soc., Chem. Commun. **1982**, 361.
[131] K. KANETO, K. YOSHINO, Y. INUSHI, Jpn. J. App. Phys. **22**, 567 (1983).
[132] A. A. SCHNEIDER, W. GREATBATCH, R. MEAD, in: D. H. COLLINS: Power Sources; Research and Development of nonmechanical and electrical Power Sources, Proceedings of the 9th International Symposium 1974, Academic Press, London 1975, S. 651, US-Pat. 3660 163 (1972).
[133] S. KONDO, M. FUKAI, N. YOSHIIKE, Abstracts of the 34th Annual Meeting of the Chemical Society of Japan **1**, 196 (1976), Jap. Pat. 78 06 841 (1976).
[134] M. SHIRAKAWA, S. IKEDA, M. AIZAWA, J. YOSHITAKE, S. SUZUKI, Synth. Metals **4**, 43 (1981).
[135] Toray Industries Jap. Pat. 81 131 610 (1981).
[136] Sanyo Electric Co. Jap. Pat. 81 152 278 (1981).
[137] G. BLINNE, H. NAARMANN, U. PENZIEN, D.O.S. 3 009 351 (1980).
[138] A. AVIRAM, D. C. HOFER, F. B. KAUFMAN, S. R. KRAMER, M. HATZAKIS, F. JONES, J. M. SHAW, Eur. Pat. 27 180 (1981).
[139] B. A. SCOTT, F. B. KAUFMAN, E. M. ENGLER, J. Am. Chem. Soc. **98**, 4342 (1976), D.O.S. 2 627 828 (1975).
[140] M. MASSON, P. DELHAES, S. FLANDROIS, Chem. Phys. Lett. **76**, 92 (1980).
[141] J. C. MC GRODDY, B. S. SCOTT, US-Pat. 4 052 272 (1977).
[142] Y. TOMKIEWICZ, E. M. ENGLER, J. D. KUPTSIS, R. G. SCHAD, V. V. PATEL, in: [12], S. 413, US-Pat. 4 338 392 (1982).
[143] a) J. K. JESZKA, J. ULANSKI, M. KRYSZEWSKI, NATURE **289**, **390** (1981).
b) A. TRACZ, J. ULANSKI, M. KRYSZEWSKJ, Polymer J. **15**, 635 (1983).
c) J. H. PERLSTEIN, N. F HALEY, US-Pat. 4 478 922 (1984).

FSC
www.fsc.org
MIX
Papier | Fördert
gute Waldnutzung
FSC® C083411

Zeitfracht Medien GmbH
Ferdinand-Jühlke-Straße 7
99095 Erfurt, Deutschland
produktsicherheit@kolibri360.de